章珈琪／著

将
让自己
态的人

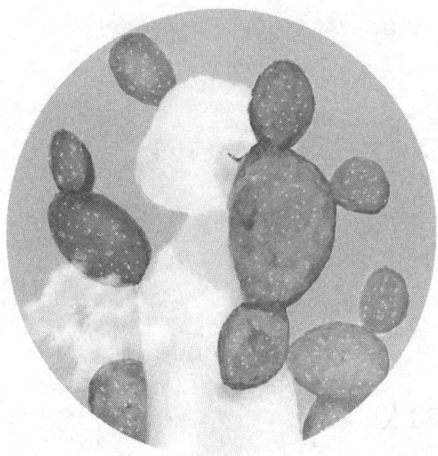

中国出版集团
现代出版社

**图书在版编目（CIP）数据**

你终将成为让自己仰慕的人 / 章珈琪著. -- 北京：
现代出版社，2017.1
ISBN 978-7-5143-5236-8

Ⅰ. ①你… Ⅱ. ①章… Ⅲ. ①成功心理－通俗读物
Ⅳ. ①B848.4-49

中国版本图书馆CIP数据核字(2016)第272654号

## 你终将成为让自己仰慕的人

作　　者　章珈琪
责任编辑　陈世忠
出版发行　现代出版社
通讯地址　北京市安定门外安华里504号
邮政编码　100011
电　　话　010-64267325　64245264
网　　址　www.xdcbs.com
电子邮箱　xiandai@cnpitc.com.cn
印　　制　三河市华润印刷有限公司
开　　本　880mm×1230mm　32
印　　张　10
版　　次　2017年2月第1版　2017年2月第1次印刷
书　　号　ISBN 978-7-5143-5236-8
定　　价　36.00元

# 目　录

## 001　辑一　别抱怨生活苦，那是你去看世界的路

## 065 辑二 你终将成为让自己仰慕的人

# 125 辑三 你当自强，且有光芒

## 181　辑四　你足够好，上天才会眷顾你

# 241 辑五 我一路奔跑，才敢邂逅你

# 别抱怨生活苦，
# 那是你去看世界的路

每个梦想背后的负重，是通往成功的唯一天梯
我敢活成自己喜欢的样子
败者为王，接受岁月的磨砺
即便失去全世界，我还拥有我自己
我更愿意导演自己的人生大戏
远离朋友圈，勇敢做自己
如果上帝并没为你打开那扇窗
我与众不同，因为我敢奔赴多彩的人生
感谢你照耀我野蛮生长

辑一

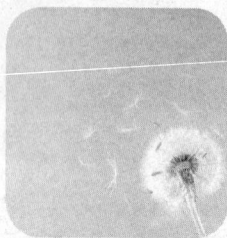

很多人都有勇气去寻找远方，可是，你和成功的距离，远远不是只有一场旅行，一个远方而已。

# 每个梦想背后的负重，
## 是通往成功的唯一天梯

*1*

那是一个下雨天，我写下这样一句话：长恨歌——恨世人之沉眠。

之所以会有这样的话，是因为那一天偶然看到一个帖子，上面是许多中外名家曾经的手稿，其中便有王安忆《长恨歌》的手稿。

那是一张蓝色墨水写就的手稿，字体很小，密密麻麻，并且到处都是修改的痕迹和标识。很多人都在下边评论：

“好乱。”

“这个字是要逼死谁啊！”

“嗷，天哪，头疼，好丑啊……这是王安忆的字吗……”

“看疯了。一个字都看不清。”

“读书的时候小抄做太多了吧……”

“楼上们，你们知道我在现代文学博物馆看到她的原稿时的震惊吗？字儿真的比蚂蚁还小，像微雕一样……”

我看到《长恨歌》手稿的时候，心里是满满的感动，没有一部经典不是经过再三斟酌和修改，最后才呈现在世人面前的。可是看到下边的评论，我的心里有种莫名的心寒和心酸。

这些读者，当他们手捧她的巨著的时候，可曾想过，所看到的每一个字，都是她千回百转地思量修改而成的，手中泛香的纸墨承载的不仅仅是一个个美丽的方块字，更多的是她背后艰辛的付出。

那是一个梦想背后艰苦卓绝的努力。

可是，我没有看到他们的理解，没看到他们的感动，只看到丑陋的心灵。

何其悲哀。

## 2

我忽然想起你来，叶菲儿。

很多男生的偶像都是韩国明星宋慧乔，温婉秀气，清纯淡雅。幸运的是，你便拥有神似宋慧乔的漂亮容颜，完全就是上帝的宠儿，十几岁应邀拍过广告，长大后集美貌与才华于一身，家世良好，拥有让人艳羡的爱情。人生近乎完美，毫无缺憾。

你从小便志存高远，当年完全可以凭颜值考上电影学院，却觉得演员实在是个浪费生命的职业，于是学了中文。

那些经典著作让你心生热望，为你开启了文学的神秘世界。年少时，你便有过大胆的憧憬，或许，下一个诺贝尔文学奖的得主又是中国人，她的名字叫叶菲儿。你一直在酝酿一部伟大的作品。

上大学那几年，你很崇拜央视的某著名主持人，于是，决定在成为伟大作家之前，成为她那样的出镜记者，做一档喜欢的节目，既有名气，又深入人心。命运非常眷顾你，大学毕业之后，既有颜值又有才华的你很顺利地就成为 L 省电视台一档纪实节目的出镜记者。可是你发现，这个工作非常辛苦，要经常跟摄制组去边远地区，没有什么好山好水好景色，只有穷乡僻壤和升斗小民，环境恶劣，网络不发达，吃饭住宿都很艰苦，一天的劳累之后，你还需要深夜写稿子，还要随时和蚊虫战斗。

每次出访都疲惫不堪，至于伟大作品的酝酿，只能在梦里继续。

工作了半年不到，你突然对这个出镜记者生出怨恨来。

因为经常奔波在外，你的生活完全乱了节奏，没有时间再去美容，没有时间去做头发、美甲、逛街，甚至没有时间看书和听音乐。要知道，你是那么时尚的一个人，那一次跟同学聚会，居然和一个姐妹撞衫，因为已经多日没有关注最新流行款，匆匆忙忙便从衣柜里选了件旧款。还有那天戴的耳坠也很失败，那个隔壁桌的玛雅的耳坠分明要更胜一筹。这对一向以时尚女王闻名的你来说简直是奇耻大辱，你实在是觉得很丢人。

你突然想起那句歌词，时间都去哪儿了。

可是你即便在工作上花费了这么多的时间，也没能取得像崇拜的著名主持人那样的漂亮成绩。稿子常常被台长要求重新修改，节目收视率也一直上不去，还有那个后期制作脾气很大，常常自作主张，随便剪辑。

看起来这份职业毫无前途，所以，在半年之后，你辞了职。

### 3

你忽然很想当文秘，因为那实在是个很轻松的职业，朝九晚五，衣着光鲜，有很多的闲暇可以规划自己，你可以继续自己的精致生活，继续自己的时尚品位，甚至可以继续酝酿伟大的作品。

可是你做了文秘才知道，那其实也不容易，每天除了写文案，还有大量的事情要打理。并且，最重要的是，你并没有太多自己的时间。时常深更半夜或者天还没亮就被一个紧急电话叫起，因为公司总是会有这样那样的突发事件要处理。

所以你觉得崩溃了，你完全不适合这样的节奏，这样的生活，跟你之前的想象完全搭不上关系。

于是，你毫不犹豫地再次辞职离去。

之后，你很快成了一个杂志社的编辑，你觉得还是与文字打交道比较适合你。

开始的那段时间，你很快乐，因为似乎找到了久违的芳草地。可是你发现在这里加班更是常事，还有那个处女座的女上司非常挑剔。经常大家精心做出的文案稿子，会遭到她很不客气的推翻和质疑。那些同事真是好脾气，居然都任劳任怨，一改再改，甚至集体加班到深夜，尤其是为了准备那些节假日的特辑，经常不眠不休。

你又对这份职业失去了兴趣，工作的疲惫和生活的无规律使得你又有了熊猫眼，皮肤又暗沉下来，你很愤怒：疲惫已久，为什么女上司不能给大家放一个假？

于是，在那个秋日，你给上司递交了一份请假申请。

女上司正在忙，抬起眼，看看你递过来的申请，诧异地问你："要请假一星期？"

"是的。"你攥紧拳头说。

"你请假是为了？"她停下手中的事，坐直身子问你。

"我的一个闺密要结婚了，这是她人生中最大的事了，我是伴娘，需要帮她全程准备，人生只有这一次，不能留遗憾。"你说着，甚至有些慷慨激昂。

"可是我们最近比较忙。菲儿，你知道的，就要到开学季，这期杂志还没最后定稿，你去这么久，我们人手不够。"她一边斟酌，一边说。

"可这是她人生中最大的事了。"你几乎强压愤怒。

女上司专注地看着你，良久，叹息一声，说："菲儿，我很失望。"

她给你签了字，你去了闺密的婚礼。

一周后，你回到杂志社，却发现，你负责的专栏已经被别人接管，你被指派去另一个专栏做副手。你很不解，可是这时候你才知道，你失去了什么。

你越来越不甘心，越来越不开心，终于在不久之后又辞了职，扬长而去，再不做什么编辑。

### 4

所以，菲儿，我真的很替你着急。

你有很好的资本，好到让同龄人嫉妒生恨，你有很多美好的梦想，却每每都不能坚持到底，总是轻而易举就放弃，又何来成绩？

不论是做一名优秀的记者还是一名高级文秘，乃至一名出色的编辑，任何一个职业，都需要足够的敬业精神和对专业的尊重。拈轻怕重，不肯付出，何谈业绩？

很多人都有勇气去寻找远方，可是，你和成功的距离，远远不是只有一场旅行，一个远方而已。人生会面临很多考验，而每一次考验，都需要你踏实的努力。这便是有些人能够成功，而有些人被拒绝于成功的门外的原因。

菲儿，听说你现在做了自由撰稿人，做了自媒体。我很期待将来的某一天，能够看到你的作品惊艳问世。

此刻，我想请你去看看王安忆《长恨歌》的手稿，或许，你看过之后，便会懂得，每一个梦想背后的负重，才是通往成功的唯一天梯。

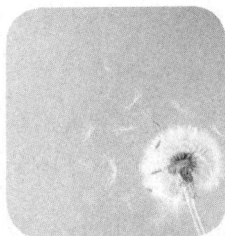

"神探妈"在那一刻心突然悬了起来，有些紧张，又有些惊喜，闭眼做了次深呼吸才认真去看那篇文章，一边读，心一边慢慢回归。

# 我敢活成自己喜欢的样子

## 1

尹小洛不喜欢淑女，因为她妈妈喜欢。

尹小洛不喜欢学霸，因为她妈妈喜欢。

尹小洛不喜欢吃鱼，因为她妈妈喜欢。

总之，但凡尹妈妈喜欢的，尹小洛就不喜欢。

所以，尹妈妈总是埋怨，别人家的女儿都是妈妈的小棉袄，我的女儿生下来却是专门跟我作对的。

尹小洛"揭竿而起"：请搞清楚主动被动好吗？分明是你跟我作对，才不是我跟你作对。

尹小洛此生最大的痛苦莫过于有一个堪称完美的表姐卫兰，她配得起所有代表美好的形容词——漂亮、高雅、聪慧、勤奋、多情……所以，她集万千宠爱于一身，从小到大都是沐浴在阳光下的幸福女生，而尹小洛却犹如西瓜那半个得不到阳光的阴面，总是缺少光合作用，显得有点营养不良。

　　不过，尹小洛从小到大都懒得跟表姐卫兰争宠，看多了宫斗剧里的至亲为了各种竞争自相残杀，血雨腥风，惨不忍睹。所以，善良如她，只认同曹植的那句话：本是同根生，相煎何太急！

　　所以，卫兰完美就完美去吧，反正她有她的世界，我有我的天下。

　　可是，无奈的是那个“没骨气”的妈，总是对完美的表姐羡慕不已。不知从什么时候起，她此生最大的梦想就是让小洛脱胎换骨变成卫兰。啧啧，卫兰再怎么亲，也不是她亲生的，她居然想将自己的女儿改造成别人家的孩子，亏她想得出来！

　　所以，与世无争的尹小洛经常要被“卫兰”这两个字洗礼，躺着都中枪，因为她躺的姿势不够淑女。尹妈妈说，早跟你说过一百次了，女孩子要侧卧，而不是像你这样四仰八叉地躺在床上，一点儿女孩儿样都没有，你看看卫兰。

　　可是小洛实在累得不行，想那么自由地舒展一下，就被妈妈给逮到了，她推门进来的时间精准得分毫不差，于是小洛赠给她个光荣称号——神探妈。

## 2

小洛在"神探妈"的碎碎骂中一路成长，倒也炼就了一颗强大的心。好不容易上了大学，终于天高皇帝远，有了自己的一方天空，远离了卫兰和"神探妈"的搅扰，耳根子算是清净了。每逢佳节倍思亲，节假日别的同学都思乡心切，巴不得一下子飞越千山万水回到家，可是小洛却很纠结，因为那个家，呵呵，实在是让她头疼。那似乎应该是卫兰的家，毕竟连每一粒尘埃都在拥护她。

小洛回家第一天通常会感受到"神探妈"久别重逢的喜悦。"神探妈"会准备非常隆重的接风家宴，来迎接风尘仆仆的亲生女儿，会嘘寒问暖，关切备至，让小洛产生错觉，似乎"神探妈"打算"痛改前非"了，终于意识到亲生女儿比谁都好。可是，这种温暖的保鲜期非常短，不超过 24 小时。等小洛第二天醒来，就完全不是那么回事了——她的待遇从公主级别瞬间降到了丫头级别。

"砰砰砰——"妈妈敲着门，"小洛你看看都几点了，太阳老高了，怎么还不起床？"

"吃饭还看手机，会消化不良的知道不？"

"那些花边新闻啊，娱乐报道啊，都少看，多学习。"

"都说了多少次了，那个木耳要多吃，补充铁质，你还是不吃。还有,在学校里别总吃包子,他们做的肉馅都不干净。"

"看个电视你笑那么大声干什么?那个《快乐大本营》都看多少年了,还看个没够,别学那些女孩子,笑得惊天动地的,女孩子要矜持一点。从前的人都笑不露齿的,不是教过你最美的微笑是只露八颗牙齿吗?现在的孩子可真是的!"

"你看你窝在沙发里一边吃零食一边看书像什么样子,看书就好好看书,别老吃那些没用的,一点儿营养都没有。"

"离开学还有好几天,你这么早回去是在说我虐待你吗?"

其实,每一次被骂,小洛关注的都不是"神探妈"说的内容,而是在心里数数,看这次数到几能出现"卫兰"两个字,因为每次"神探妈"必以"卫兰"结束——"卫兰从来不像你这样"。

总之,卫兰从来都是"神探妈"心中的女神,是样板。她大概很后悔自己当时生小洛的时候,没照着卫兰的样子吧?

一直长到二十几岁,小洛向来我行我素,"神探妈"说往左,小洛背地里几乎都是往右。"神探妈"喜欢说,就随她说去吧。

### 3

可是小洛大学毕业那年,跟"神探妈"之间爆发了一场空前激烈的战争。其实,战争在几年前就已经初露端倪。

小洛上大学二年级之后,"神探妈"发现她追星追得厉害。

听说邓紫棋要来巡演，小洛早早地就给她布置任务想办法买票，幸亏"神探妈"有个闺密在体育馆工作，总能想办法留几张贵宾票。有一年暑假，一共有五六位明星要来巡演，小洛每场都没落，"神探妈"的银子折进去不少。小洛笑嘻嘻地说，我今年喝西北风就行了，不用你拿生活费了。"神探妈"刀子嘴豆腐心，当然还是会照给生活费。

从那个时候起，每次放假回来小洛跟朋友们逛街、聚会的次数少了，总是待在自己房间里上网写东西。"神探妈"没有在意，只叮嘱说，不要因为上网耽误学习功课，闲暇的时候玩一玩就好了。后来，小洛每次放假回来，"神探妈"都发现她经常打字到深夜，甚至熬到天亮的时候也是有的。"神探妈"一再提醒她不要熬夜，再发现熬夜一次，就罚她不准回家。其实小洛偷偷暗笑，巴不得不回家，可以自由，听不到"卫兰"两个字。

小洛不到万不得已，整个假期都不想跟卫兰打照面。卫兰不光争气地早早带回来个受到大家一致好评的男朋友，并且假期里做的事更是常人做不到的，她能在一个暑假轻松拿下雅思；一个寒假攻克韩语，之后可以无障碍地看原版韩剧；大四毕业前搞定了程序代码和Photoshop，建了一个网站。

卫兰创造的奇迹连小洛这等外语专业生都自愧不如，所以，卫兰不是女神，而是神女。只有神一般的女子才能创造这等丰功伟绩。

大四毕业前，"先锋模范"卫兰准备考研。"神探妈"坚信，卫兰走的路一定是一条无比正确之路，于是希望小洛也考研。可是小洛这一次说什么都不肯，她想做一个娱乐记者。

　　"什么？放弃外语专业而去当一个三流的小娱记，你疯了吗？每天跟踪那些娱乐明星，给他们炒作，制造绯闻，这是吃力不讨好的差事，能有什么发展？"

　　"你说的那叫狗仔队，不是娱乐记者，我要做一名优秀的娱乐记者。"

　　小洛心意已决，抛下"神探妈"和她的万千叮咛，和同学一起报名去北京参加了一档大型求职节目，因为表现出色，顺利通过了现场考核。小洛心中狂喜，选择了向往已久的LPV文化传媒有限公司。

## 4

　　"神探妈"在被气得大病一场之后，开始每天担心小洛的人身安全。她总是做噩梦，梦见小洛遇险，不是被绑架了就是被人拿刀架在脖子上。她给小洛打电话时碎碎念，总而言之，不要做这个工作了，实在是太危险了。小洛说："你每天胡思乱想就不想我好，我是真的喜欢做这个，我还没做出个眉目，想让我放弃，门儿都没有。"

　　"神探妈"第一次看到小洛的名字是在一份很不起眼的《F城娱乐周报》上。每天在地铁出口处都会有人派送免费报纸，

"神探妈"通常都不在意，可是那天早上她在那一沓免费报纸旁边看到了《F城娱乐周报》，条件反射般地，见到"娱乐"二字就想到了小洛，于是她便买了一份。她翻到第二页，便看到了头条文章，文章的底部，写着"记者尹小洛"。"神探妈"在那一刻心突然悬了起来，有些紧张，又有些惊喜，闭眼做了次深呼吸才认真去看那篇文章，一边读，心一边慢慢回归。还好，还好，写得蛮好。

"哎呀，小洛啊，妈妈看见你的文章了，写得不错呀。""神探妈"笑得眼睛都快眯成一条缝了，在手机上按键的手还微微有些颤抖。

小洛正忙着，发了一个"龇牙"的表情图过来。

"对了，小洛，要记得，女孩子不要笑得惊天动地的，尤其你当记者，更要注意不要抢了人家风头，知道吧？还有啊……"

"神探妈"的碎碎念又开始了，小洛回了个"无奈"的表情图便再无动静。

此后，"神探妈"便开始对娱乐报纸杂志感兴趣了，每次经过地铁站口都要驻足一会儿，不管有没有小洛的文章她都要买。小洛节日里回家的时候，发现家里已经囤积了许多娱乐报纸杂志。

"你买这么多报纸杂志干什么？"

"万一哪份里边有你的文章呢？"

一年之后，"神探妈"开始定时收看一档叫作《最爱大明星》的娱乐节目，不过，"神探妈"对那些明星并不感兴趣，她关心的是那个特邀嘉宾主持尹小洛今天穿的衣服是不是合适，头发有没有弄好，妆容是不是精致，还有，说话是不是得体。

### <u>5</u>

这个春节前夕，小洛收到了卫兰的微信。

"小洛，过年都不敢回家，每次回家我妈最常说的几个字就是，'你看小洛'！"

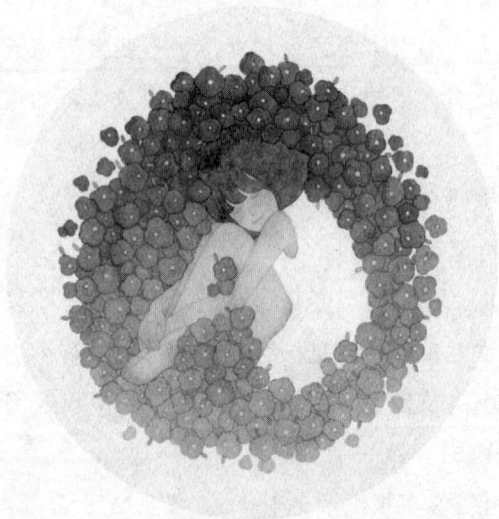

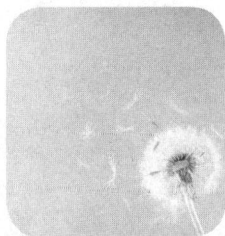

这个世界没有很多真理，这个世界只相信不懈努力。纵然无数次一败涂地，岁月深情，我们依然要翩翩舞起。

# 败者为王，
## 接受岁月的磨砺

*1*

他并没有舞蹈演员的天分，或者，女娲造人的时候并没有给他一个舞蹈演员的生命。这个世界就是很不公平。有些人不论吃多少，都身材纤细，终生不用担心减肥的问题，可是有些人，多喝一口凉水也会发胖。

邹小宇便是这样天生易胖的体质，却热爱舞蹈如生命。

这是多矛盾的事情，如此矛盾，便注定了他为了热爱舞蹈将付出不可想象的代价。

男生学舞蹈，在常人眼里总觉得是件不靠谱的事，毕竟舞蹈是有青春期限的，女生身体柔软，感情细腻，有很多自然优势，似乎更适合舞台。男生跳舞有所成就的并不多见。所以，邹小宇立志学舞蹈这事简直是在胡闹。

事实上，邹小宇的胡闹很早便开始了。早在5岁起，奶奶带他第一次走进舞蹈教室，他便领略了这个世界的残酷。

邹小宇当然从小便是资质平平，因为是个矮墩墩的小胖子。走进舞蹈教室，在一群纤瘦的男孩女孩中间，他仿佛是只笨拙的企鹅。因为他的到来，大家都停了下来，驻足观看，如同看马戏团的新节目。老师含笑地看着他，带着他做动作。可他对着四壁的大镜子看到自己的每个动作都是那么生硬和拙劣，小伙伴们掩嘴嬉笑，眼神中的不屑让他感到了羞耻和难过。

下课的时候，小伙伴们都已经离去，奶奶进来问他："喜欢吗？"

他却斩钉截铁地说："喜欢。奶奶，我还要再练一会儿，先不回家。"

奶奶惊讶地说："好呀，奶奶等你，好好学，小宇最棒了。"

奶奶眼中闪着欣喜的光，那道光穿透了岁月，变成温暖的光辉，多年以后，仍是他心中唯一支撑的巨大力量。

## *2*

很多姑娘都会觉得减肥辛苦，常常坚持不下去。可是邹小宇从学舞蹈的那天起，便开始和自己的体质战斗，这个战斗一直持续了十几年，直到今天仍在继续。

这当然是持久战，并且稍有不慎就会败下阵来。

每天都要控制热量的摄入，否则身体便会超重，给舞蹈动作带来障碍。所以，邹小宇一路成长，一路学会了隐忍和坚持。当然，世间美味千万种，每一种都是诱惑，可一想起热爱的舞蹈，他便会忍住对那芳香四溢的向往。

可是邹小宇并没有很高的舞蹈天分，每个动作、每个舞姿都要比别的孩子多几倍的努力，才能达到完美，所以他是最早一个去舞蹈房练功的，也是最后一个走的。从晨起到暮色，舞蹈教室永不消失的身影便是邹小宇。

长辈都不赞成他学舞蹈专业，因为男子汉理应志在四方，在舞台上跳来跳去总是不够大气，更何况舞台生命是有限的，青春过后，前途何在？可是 17 岁的邹小宇突然间学会了一哭二闹三上吊，软硬兼施，到底还是让长辈同意自己报考了艺术院校。

勉强考上了大学，是最勤奋的一个，却仍然泯然于众人，毫无亮色。

## 3

命运开始眷顾这个倔强的男孩是在他大三假期。正值暑假，同学们都已经或回家或去旅行，邹小宇家在本市，不需要长途跋涉，每天仍不间断地来学校舞蹈房练功，练功余下的时间便是去一家私人儿童舞蹈学校做兼职教师。

那个周末的傍晚，他练完基本功，正要去洗澡，却见两个人匆忙推门进来，他正想说这么没礼貌，不知道我在换衣服吗？却见进来的是系主任刘老师和另一个扎着马尾巴的高个子。刘主任见到他如同捡到救命稻草，忙不迭地说："邹小宇，你明天去参加个比赛，很重要的比赛，之前的吴桐突然骨折，去不了了。这么急，我没处去找人，就你替吧！"

邹小宇惊讶地接了任务，因为没有很多时间去准备，他匆忙间将自己平常最华彩的一段舞蹈改编了一下，第二天便匆匆去参赛了。

邹小宇并不知道，这个代表学校参加的比赛会成为他零突破的开端。

他很感激奶奶，总是给他无限激励和关怀，听说他要代表学校参加比赛，奶奶从柜子里翻出一套非常漂亮的舞蹈服，那是她准备已久的，早在等这一天了。

比赛之前，各学校参赛的同学都在一个大舞蹈教室做各种热身准备。邹小宇只顾着忘我地练功，却没料到旁边放着的舞蹈服突然飞起来，落到了垃圾桶里，他慌忙跑到垃圾桶里拾起来，却发现已经被脏物弄得脏兮兮，每个纤维都透着狼藉。

他愤怒地四目环视，却发现好几个人都在笑。这时，舞台总监走进来说，大家准备，按照顺序马上开始比赛。

邹小宇是第三个，没有演出服，他的舞蹈感染力会打很大折扣。可是已经没有时间去考虑服装的问题。他屏神凝气，最后做了一遍动作。时间刚刚好，他走上舞台。

没有人会想到，这个以替补身份上台的舞者，只穿着最平常的练功服舞蹈的男孩子会获得满堂喝彩。在最淳朴的外表下包裹的是一个舞者灵魂的表白。他成功了！

邹小宇为学校拿到了那次大赛的二等奖。可是大家在惊讶之余都认为他不过是走了狗屎运，并不以为意。大四毕业，邹小宇被省歌舞团录用，一个舞者的舞台生涯才刚刚开始。

## 4

这世上有一种力量叫厚积薄发，它可以穿山越海，冲破云霄。邹小宇在一年后开始崭露锋芒，渐渐成为歌舞团的新兴力量。又半年后，获得了去美国参加比赛的殊荣。

比赛前一天，邹小宇在住所附近拦了一辆的士，刚坐进去，便从车窗外飞进一个香蕉皮，差点砸到他的脸上。那司机恨恨地骂了一句便开了车。邹小宇当时在想一个舞蹈动作，没有注意，车已经开出很远之后才想起来，刚才那个扔香蕉皮的，是一个参赛的对手。他们前一天一起排练过。

邹小宇于是笑了笑，从小到大，他经历了太多的轻视、嘲笑、质疑，如果成长这一路都被这些负面的东西打败的话，那这个世上就没有今天的邹小宇。

正式比赛那一天，邹小宇站在聚光灯下，舞台就是他的整个世界。寒冷的夜，寂寞的街，辛辣的嘲讽，以及奶奶眼中温暖的光辉，变成了悲怆，他的舞姿淋漓尽致地抒发了他的悲喜和从容，以及温柔的心。

邹小宇不负众望，博得满堂彩，获得了大赛的一等奖，他终于以实力征服了这个冷漠的世界。

今天的邹小宇已经在北京某歌舞团，成为中国舞蹈界的领军人物。

一路走来，血泪斑斑，可是，他比谁都知道失败的意义。

每一次失败，就离成功近了一点点。每一个一点点累积，就画成了壮丽的未来。

### 5

在世界体坛，马来西亚的小李子李宗伟被称为千年老二。2012 年，他在自传书里这样阐释他的书名《败者为王》：即使失败，它在我生命中凿刻下的痕迹，也将会是光荣的印记。无论未来走到哪里，我都会像一个充满斗志的战士，不断征战。无论面对什么状况，永远都知道要怎样重新再出发。

2016 年似乎是一个收获之年。

1997 年，美国影星莱昂纳多·迪卡普里奥因主演的影片《泰坦尼克号》获 11 项奥斯卡大奖，打破了美国和世界各地的票房纪录。莱昂纳多也因在此片中的表演而成了"世纪末的票房炸弹"。

可是，从十几岁便崭露头角的小李子却在 1997 年的这部巅峰之作之后若干年也没能获得奥斯卡金像奖，每一次都与奥斯卡失之交臂。

终于在 2016 年 2 月 28 日，小李子在专业陪跑近 20 年之后，凭借电影《荒野猎人》获得第 88 届奥斯卡最佳男主角奖。

2016 年是邹小宇的收获之年，也是他重新起航的时刻。

相信更壮丽的未来在迎接他。

这个世界没有很多真理，这个世界只相信不懈努力。纵然无数次一败涂地，岁月深情，我们依然要翩翩舞起。

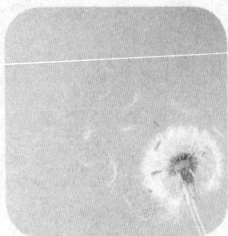

亲爱的姑娘，或许，你离所有的美好都还有一段距离，可是你要努力，全世界都可以辜负你，唯有你不能辜负你自己。

# 即便失去全世界，
## 我还拥有我自己

### 1

"你信命吗？"倪楠问。

"我相信的时候就信，不相信的时候就不信。"我笑着说。

"可是上周我妈带我去见了个大师，那大师说我婚姻不太顺利，一定是晚婚。这个大师很有名，看东西很准的。所以我就在犹豫我到底要不要继续读研。"倪楠愁眉苦脸地看着手中的研究生入学通知书说。

我讶然："楠楠，读研和你晚婚有什么关系？这么难得的保送读研机会你都要考虑放弃？"

"可是我妈说，连莞姐那么漂亮的女生都成剩女了，现在女生学历越高越不好找到归宿，我妈怕我学历太高了将来嫁不出去。"

"楠楠，你满口都是你妈说，你自己没有想法吗？"

## 2

郑莞的事情我们都知道。

郑莞从小就是美人胚子，十几岁便显露出不凡的气质，曾被星探跟踪，拍过少儿服装品牌的广告，她的名字一度成为热词。17岁，郑莞考入大连的一所大学。那一年夏天，郑莞一家送她去大连上学，郑爸爸顺便旅游，看望在大连的老战友们。在那里，郑莞邂逅了她爸爸的战友秦丰的儿子秦阳，彼时秦阳在大连的另一所大学读二年级。

妙龄少女遇见风华少年，连父辈们都觉得是天造地设的一对。郑莞和秦阳两个人毫无疏离感，似乎早就在等待这一天，携手漫步沙滩海岸，连热风都带着醉人的香甜。他们恋爱了。

这次邂逅也是他们老一辈重新创业的新开始，郑爸爸和秦丰合作投资，在大连开办了一家电子公司。郑莞和秦阳的感情不断升温，公司的效益也越来越好。两人相爱了3年，在郑莞大学三年级的时候，秦阳已经大四，两人正在考虑他的毕业去向。没料，公司内部矛盾丛生，郑爸爸和秦丰各执己见，最后秦丰听信谗言，一气之下撤掉了股份，郑莞几乎难以支撑，他们之间的友谊轰然坍塌。秦家的决绝让郑莞很伤心，便和秦阳分了手。

未料，秦阳很快便有了新女友L小姐。L小姐的妈妈是有名的富太，和秦阳妈妈是牌友，L小姐的妈妈觊觎高才生秦阳很久了，听说秦阳分手，便立刻约朋友们到家里打牌，L小姐袅袅娜娜地下楼来跟阿姨们寒暄，秦阳妈妈便荣幸地"钓"到了L小姐这条大鱼，却不知其实是自己上了钩。

L小姐千娇百媚，家产丰厚，秦阳父母视如珍宝，很快就给儿子办了订婚宴。那时候，郑莞还没毕业，好多同学都去参加了秦阳和L小姐盛大的订婚宴，整个学校都在传她的悲剧，郑莞面上云淡风轻，但是心里比谁都苦。

这盛大的订婚宴终于成功地抹去了郑莞对初恋的不舍，她终于认清了他，他们本不是同类，相遇是个错误。所幸，还来得及修改。

## 3

郑莞变得沉默而疏离，大学毕业之后去了美国，两年之后，以法学硕士的身份回国，入驻帝都某一级政法机关，同年又考取了某知名大学法学博士学位，现在已经在准备博士毕业论文。

郑莞一路攀升，学业上可谓成功。可是，她的感情之路甚为坎坷，在秦阳之后，一直没有正式男友。

而从她回国之后，她的爸爸妈妈便为她的感情而焦灼。

郑妈妈每天的微信朋友圈比谁发得都频繁，晒女儿的靓照，秀女儿的优秀。她开始出入各种高档场所，以前从不涉足的美容 SPA，各种会馆，各种高端讲座，朋友的 Party，但凡能有机会去的，她都会盛装出席，只为多和老朋友聚聚，多认识一些层次高的朋友，以便给女儿找个好归宿。郑爸爸每次开车送她到目的地的时候都会叹息说："哎呀，你这是推销女儿还是推销你自己……"

郑莞毫无悬念地被赶鸭子上架登上了相亲的战场。因为有个骁勇善战的妈妈，所以，她的档期被排得满满的。可是相亲了 N 次，郑莞没有一个有感觉的。

郑妈妈每次在街上看见那些摆摊的恩爱小夫妻，看见洗衣店里小两口旁若无人地唱卡拉 OK，都会羡慕地啧啧感叹："我们家郑莞，那么漂亮，简直是万里挑一的好姑娘，是不是不应该让她读那么多书啊？要是早点儿上班，要是不读那么多书，简简单单的，是不是早就嫁人了呢？吃尽了读书的苦，为什么到现在还落单？"

所以，看到郑莞的前车之鉴，倪楠不敢再重蹈覆辙。

## 4

有一句流行语叫作"学得好不如嫁得好"。

这个世界似乎有太多的例子都在证明这句话。我们看到了若干明星大腕和亿万富翁的强强组合，我们更看到一无所成的美女嫁入豪门，嫁给高官，步入"幸福天堂"，从此"开始幸福人生"，我们更看到了高学历的女生被荣幸地称为圣斗士。

然而何为嫁得好？何为幸福人生？是从推开豪门家族的那扇门开始之后的人生？

可是为什么古有"侯门深似海"，今有豪门妇轻生？

即便你嫁得了豪门，还需要有Hold住的本领。

而这本领，并不仅仅是美颜和低眉顺眼、恭顺谦卑。人生如戏，豪门的这场人生大戏更需要你十八般武艺样样精通。而最为惊险的是，在这场大戏中容易迷失、迷路，失了魂魄，失了自由，失了你自己。

古语女子无才便是德，如今有些人又翻出这句话作为懒惰的依据。

据说撒娇女人最好命。男人天性扶危济困，都喜欢女人小鸟依人，所以只要撒娇卖萌就好了，所以女人不要努力，不要奋斗，否则就会被当成女汉子、女强人，就没有男人来英雄救美。

然而，郑妈妈应该想到，至少郑莹不必风餐露宿，以她的学识能力已跻身上流社会，她的视野和前景并非小商贩和洗衣店夫妇所能企及。学历不是鉴定一个人的唯一标准，但的确是一个不可或缺的标准，是否受过高等教育使人在思想素质等诸多方面都会显示出迥然不同的风貌，而多年的教育洗礼也必然是陪伴人一生的财富，从无形中化有形，岁月无痕，人生有迹，它终会成为一个人独特的人生标记。

高学历的女生无疑是优秀的，因为任何一个学位不是撒娇卖萌、随便说说就能换来的，那是经过长年累月勤恳踏实的努力拼搏而来，汗水和泪水漾满证书的方寸之间，也铸造了坚韧不拔的品质和勇于求索的精神，使她们有能力在未来的人生路上披荆斩棘。

所以，放弃自己求学的机会，奋斗的机遇，甚至甘当全职太太只为一个渺茫的未来，无异于自我放逐。

没有了自我，存在的价值又在哪里呢？更何况，爱情也不是倾尽所有就可以换得，而我相信，每一份爱情都是昂贵的，它是灵魂的交融，无法用其他东西去丈量和等价交换。

爱情向来有自己的节奏，该来的时候，一定会来。

而在此之前，你要做的，只有将自己锻造到最好，给未来的他一个惊喜。

岁月峥嵘，你已经千难万险跋涉过山重水复，下一站便是柳暗花明。

亲爱的姑娘，或许，你离所有的美好都还有一段距离，可是你要努力，全世界都可以辜负你，唯有你不能辜负你自己。即便失去全世界，你还拥有你自己。

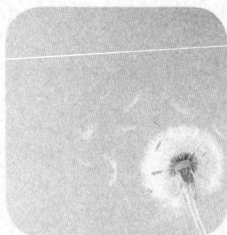

你曾像一只胆小的蜗牛，背着重重的壳，一步一步在跋涉。当你终于学会勇敢，攀上悬崖峭壁，见到灵芝雪莲，与最美的风景相遇。

# 我更愿意导演自己的人生大戏

## 1

上次见到你是在建校 70 年庆典那一天。

我去得很早，从停车场出来，路上便遇到了图书管理员陈阿姨，寒暄几句，我们一块儿去礼堂。

走进礼堂，只有寥寥几个同学在相互叙旧，礼堂空旷，却喜气洋洋，一眼便看到舞台上那个俏丽的身影在指挥几个人忙来忙去布置会场和灯光。那个侧影美好得让我留恋，那个声音似曾相识，我盯着侧影看，直到你转过头来。

明熙？

我不相信那个是你，因为无论如何，现在的你和我心里的那个明熙不能重叠在一起。现在的你，优雅而雍容，神采奕奕，眼神凌厉，很有睥睨天下的女王风范，再不是从前那个脸上有着小雀斑的胆怯的姑娘。

我正在迟疑，你已经看见了我们，惊喜地从舞台上快步跑下来。"是你们啊！"你欢快地说。

你捶了我一拳，笑着说："跑哪儿去了？这么久没消息。"然后你笑着拉住陈阿姨的手，说："陈阿姨，还记得我吗？明熙，当年读书的时候不爱说话，悄悄借书悄悄还，没什么存在感。哈哈。"

"你的雀斑都和青春一起走失了吗？"我笑。

"它们都抛弃我了。哈哈。"你又笑起来。

我突然后悔又提及雀斑，忘记了它一直是你心中的隐痛。可是你笑得亲切，我却从眼角眉梢看到了一丝沉稳和骄傲，那是由内而外散发的光辉，毫不做作，却足够闪耀。

而曾经的你胆小、慌张，胆怯地躲在人后，不知道是不是因为你少年时代的那次经历。你很早就开始学习绘画，在学习绘画的第三个年头，一次人物素描课上，模特儿临时有事没有来，老师于是叫你到前边当模特儿，你喜滋滋地坐在那里，一动不动，整整两堂课。快下课的时候，老师突然训了一位男同学："你画的人物脸上，这黑乎乎的是什么？"那男孩撇着嘴巴不屑地说："她脸上本来就到处是黑乎乎的煤球。"男孩说完，同学们哄堂大笑，你咬着嘴唇落下泪来。后来下课之后，老师黑着脸说那男孩的画不合格，要求他重新画。你悄悄地背着画架离开了教室，从此再没去上过绘画课，3 年的绘画经历自此告终。

## 2

男孩无意的恶作剧却给你的少女时代涂上了浓重的阴影。你央求妈妈给你买了一种又一种祛斑霜，可是效果都很差，见到别的女孩肤白如雪，你很不喜欢自己这张面孔。

于是，你便学会了隐藏自己，保护自己，给自己建筑了一个坚硬的壳。我们在大学相遇的时候，你似乎已经领悟了中庸之道，更明白什么叫木秀于林，风必摧之。所以你总是站在大多数之列，不多前进一步，也不后退一步，对任何事的态度都是不偏不倚。你不穿最时髦的衣服，哪怕自己有很敏锐的时尚眼光；你总是跟着集体的步伐，哪怕心里欣赏那个桀骜班长的特立独行；你更不想跟那个喜欢的男生何瑞走得太近，因为很多女生对何瑞趋之若鹜，你害怕走得太近，会被讨伐。

可是你因此失掉了很多机会。大二那年，市里举办大学生作文比赛，你是班里文采出色的几个人之一，好几个并无才华的同学都报了名，你纠结了很久却没有报名。因为你看到了上届比赛很有实力的吴同学，因为落选而被同学们背地里耻笑。你害怕失败会被同学们笑话，害怕被同学们背地里议论，所以你最终没有报名。可是后来，那个作文不如你的同学获得了二等奖。同学们都说："如果你参加，一等奖一定非你莫属。"你微笑着说他们瞎说，可是你的心里一定很酸涩吧。

后来何瑞有了女朋友，是我们下届的那个小辣椒，我们毕业的时候他们分了手，可是你还记得小辣椒在我们那个毕业晚宴上哭了吗？她痛哭失声，因为何瑞不肯为她留下来，要去另一个城市。她说，从头到尾都是她一个人在唱悲欢离合，他心里藏着另一个人。而那个人，小辣椒没说，但是我知道，是你——明熙。

你还记得何瑞和小辣椒恋爱之初，小辣椒还跑到我们班级，站在门外专注看你，还有很多次在你面前虎视眈眈地昂首示威，甚至在体育课上跟你挑衅吗？可是小辣椒还是失败了，因为何瑞爱的不是她，是你。

尽管你觉得你满脸的小雀斑，不够漂亮，你的成绩不够优秀，不配和何瑞站在一起，可是，爱情从来不讲道理。他就是喜欢你，不需要理由。

乙之砒霜，甲之蜜糖。或许何瑞爱的就是你可爱的小雀斑，或许你认为的缺点在他眼里正是别人之所不及。

可是你的胆怯逃离，让何瑞没有勇气靠近你。所以，你们失之交臂。

## 3

不知道你身上背负的壳是什么时候被打破的，在人生路上你获得了怎样大的动力，才换来今天的神采奕奕。

毕业之后，你终于勇敢了一次，去了最喜欢的一家知名媒体机构。那里人才济济，想必需要拿出十二分的努力和全部的热忱去扎根和破土。大概只有到了这个时候，你才逼迫自己摒弃怯懦，重新出发，登高望远，做自己以前不敢做的事，握紧每一个机会，将自己武装得强大，不再怕被孤立，不再怕流言蜚语，勇于做那个第一。

当然失败是家常便饭，困难如影随形，可是不要紧，因为你对这份职业足够热爱，因为你看到了现在逐渐变得优秀的自己，在千万次失败之后，再站起来，你已经在高山之巅。

经历了种种可预见的和不可预见的曲折之后，你才遇见今天杰出的自己。

就在昨天，我看了你的微博和微信朋友圈，似乎看到你这几年一路走来，伴随着的那些快乐和忧伤，还有很多隐忍和坚持。

现在已经成为这家媒体高管之一的你，千里迢迢赶来参加母校的 70 年大庆，这里的一草一木都带着我们曾经的青春痕迹，就在这个礼堂，在最东边的那个角落，你曾经把自己藏在那里，不希望大家注意。而此刻，你站在舞台上，整个礼堂尽收眼底，一览众山小，你是那个掌控节奏的人。

你掌控着庆典的节奏，不慌不忙，张弛有度，恰如你现在的人生。

现在的美容技术发达了，去掉脸上的雀斑很容易，可是去掉心里的雀斑却是个艰难的历程。

庆幸的是，明熙，你的人生一片晴朗，你已成为你人生的主角，是女主角。

而人生大戏，男主角从来都不会缺席。

对了，我好像在微博上看到了何瑞在密西西比河畔对你隔空传爱，他现在已在归途。

你曾像一只胆小的蜗牛，背着重重的壳，一步一步在跋涉。当你终于学会勇敢，攀上悬崖峭壁，见到灵芝雪莲，与最美的风景相遇。终于，满目欣喜。

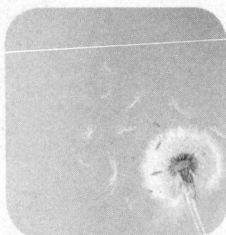

真实的生活不需要虚无的朋友圈，不需要点赞和评论，只需要我们彼此面对面坐着，安安静静地吃一顿便饭，品一次甜品，看远处山高水阔，听窗外斜风细雨。

# 远离朋友圈，
## 勇敢做自己

*1*

傍晚时分，闺密紫樱给我发来一则微信消息，标题叫作《逃离北上广》。

多么具有诱惑力的标题，当然要点开看一下，原来是一个免费赠送机票出游的活动，共 30 张机票，送给 30 位来自北上广的朋友，目的地未知，只为逃离身后的城市。

我看了一下时间，这一刻已经是 7 月 8 日晚上 6 点 20 分，活动已经截止。

紫樱很遗憾地说:"呜呼,我干吗不早起就刷下微信呢?多好的机会,居然失之交臂。"

我问她:"你那么想逃离北京?"

她发了个皱着眉头的表情图:"不想。"

我当然知道这两个字背后深刻的内容,北京,承载着太多人的梦想。

## 2

紫樱最近常常觉得困扰,不是来自别处,而是来自微信朋友圈。

说起来,紫樱每天都生活在朋友圈里。

紫樱的工作单位现在每天只在微信群发布重要通知和消息,所以她便不得不时刻关注微信的动态,免得不小心错过重要的消息。

于是,在看消息的时候,自然免不了顺便刷一下朋友圈。那盛产各式剧情的朋友圈总是能让她驻足停留,早起便有人问候全世界,一份让人营养均衡的早餐,一句贴心的话,再来一张柔美惬意慵懒的自拍,让人慨叹她拥有的是多快乐的早餐时光。之后便是蜂拥而至的各种戏码,各种自拍、视频、段子、消息在朋友圈迅速抢占高地,唯恐晚一点便被人窃去了曝光的好时机。这些精彩纷呈的消息,每一条都够让人凝神或感伤那么十几秒钟。

紫樱是个喜欢热闹的人，这些消息，都让她沉醉其中，不能自拔，所以无论是工作还是休息，她都在关注微信动态。自然，她已经分不清工作和休息的界限，效率低下，疲惫不已。

　　终于，因为工作出错，被老板训斥。

## 3

　　还有更烦的。

　　紫樱最近似乎发现了一个秘密。她的大学同学小罗和小鱼就要步入婚姻殿堂，小鱼每天都在晒恩爱，可是小罗私下却每天都和另一个女子互动频繁，这个女子恰好是紫樱的同事。小鱼晒的那个手镯，紫樱分明记得那女子戴过。微信世界真是奇妙，可以把人与人之间的关系如此精细地切割。小鱼自然看不到小罗和女子的互动，可是对于紫樱，她不知道是否应该保守这个秘密。

　　紫樱的困扰还不仅仅来自自己的微信，还来自父母。

　　紫樱成长在高知家庭，父母从来都不落伍，每天都驰骋在微信大潮中。微信极大地丰富了他们的闲适时光，和年轻人一样，每天要晒，不过晒的是休闲和养生。朋友圈少不了要比拼儿女，拼颜值，拼才华，拼前程，拼幸福。

　　所以，还没有男友的紫樱一不小心就成了父母的一个缺陷。同龄的年轻人都结婚生子了，可是紫樱还一个人在北京打拼。北京有什么好呢？天价的房子够小城市的人过半生了，还有冬天的干冷让人难以忍受，还有传说中的地下室出租屋，北漂的生活让父辈们连连叹息。

所以，父母变得焦灼。他们会时常发来消息，给紫樱安排相亲，询问感情进展，催她回家。

有时候，紫樱甚至不知道，父母究竟是为了她还是为了他们自己的面子，才不停地折腾紫樱，让她停不下脚步。

可是紫樱还有梦想啊。

对于从事文化工作的紫樱来说，没有一个城市比北京更适合发展。之所以那么多人乐于承受现实的巨大压力，都是因为怀揣梦想和希望，对人生有着巨大的渴望和清晰的追求。这里或许没有安逸的环境，可是这里有梦想生根发芽的土壤，相对于梦想的一点点实现带来的喜悦和幸福，这区区困难算什么呢？

<u>4</u>

据说白岩松是没有微博和微信的，因为怕被淹没在浩瀚无际的信息海洋，失去了自我。

说起来，我大概关注了几十个公众号，可是有 3/4 以上都呈现"…"状态，也就是说，这 3/4 的公众号我没有打开看的文章至少在 100 篇以上。这还是几个月前的状态，如果微信公众平台已经拥有更精准的统计办法，我想每个公众号我没看过的文章数字应该已经远远不止三位数。

会有人说，你 out 了吧，现在都在用手机学习，多少大咖和文学大师都每天在上边更新，公众号几乎人手一个，俨然替代了从前的名片。

拥有粉丝量的多少，内容风格，目标定位，这些准确的表现形式都已经成为一个人的标签，成为个人社会地位和影响力的象征。

是谁发明了手机？大概在手机被发明以前未曾料到，它会成为我们当下媒体唯一的权威代言人，它已经成为人们必不可少的生活用具，因为它完全是一个深奥而多姿的世界。这个世界很大，每天大量的资讯、热点、评论、风潮，相互簇拥着，排着队等待人们鉴赏，喧嚣着、昂扬着，充斥人们的耳鼓和脑神经。让人不得不承认这的确是个信息爆炸的时代，每天都可以爆炸无数次，于是你会觉得你的生活不由自主地精彩起来。

那些公众号文章排着队教导你什么是精品生活，什么是最好的爱情，什么是最好的婚姻，什么是最好的人生。

可是爱情哪有模板，人生哪有先知，自己的人生还是要自己去认知。

## 5

都说朋友圈有毒。

没错，真的有毒。

各种点赞评论喧嚣巨大，排山倒海地扑面而来，于是，这也成了是非之地，这里盛产艳羡、嫉妒、诽谤和各种情绪，当然少不了没有硝烟的战争。

　　你为他的一句话而抓狂，他为你的一个点赞而神伤。

　　可是，其实你们彼此甚至没有见过面，在这庞大的虚拟世界，被无形地捆绑、劫持，你甚至渐渐地远离了自己。

　　真实的生活不需要虚无的朋友圈，不需要点赞和评论，只需要我们彼此面对面坐着，安安静静地吃一顿便饭，品一次甜品，看远处山高水阔，听窗外斜风细雨。

　　不是一张机票就能逃离一种生活，而是心的归属。

　　纵然满世界质疑，你还是要奔赴梦想，还是要过自己的人生。

　　北上广没有什么错，至少承载了很多人的梦想。

　　比起要逃离北上广，我更想逃离这巨大的喧嚣。

　　因为，想做自己。

　　朋友圈的危害有如毒品，远离毒品，才能健康生活。

　　我只想和相爱的人一起度过时光。

　　不论是一往无前的奋斗，还是诗意的栖居，只需身边有深爱的他。

　　纵然尘世喧嚣，又奈我何！

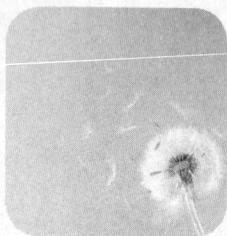

维纳斯尚有断臂，生命怎会完美？假如上帝没有为你打开那扇窗，请你用尽全力，勇敢地去推开。

# 如果上帝并没为你打开那扇窗

## 1

袁媛已经人间蒸发了很久。

她几乎销声匿迹，谁都联系不上她，没有关于她的一丝一毫消息。

所以我接到她的电话的时候，着实吓了一跳。不仅如此，我根本猜不出那是她的声音。

那是个阴沉的夏日午后。我第一次一个人看完一部人气爆棚的悬疑电影，一颗被吓坏了的心脏正缓缓复位，手机突然响了起来。我看不到对方的号码，手机屏幕上只显示是私人电话。我犹豫再犹豫，害怕这是刚刚看的电影的番外，不敢接，决定忽略，它任性地响，我任性地看，捂着耳朵当听不见。

当铃声响了足足30声之后，我用另外的手机打给闺密Alina："Alina，你听着，我现在去接另一个手机，听到我惨叫或者我没声音了，你立刻报警。"

我没惨叫，可是听到手机里嘶哑的声音说"我是袁媛"时，吓得差点手机掉在地上。

是恶作剧吗，袁媛？

## 2

袁媛一直是个骄傲的存在。除了个子矮一点之外，她堪称完美。漂亮又聪慧，从小到大，一路优等生，被保送上大学。除了自己如此优秀之外，她还拥有很好的家世。妈妈是政府机关的会计，爸爸从前是大学教授，后来在广东创办了一家服装公司，下辖服装厂，每年利润丰厚。毫无悬念，袁媛在学生时代就是个传说。

所以，当袁媛和叶亦川牵着手走在校园里的时候，引起一片哗然。传说中的白富美不是应该和高富帅才合拍吗？可是叶亦川至多只能称为学霸，身高和家世哪一条都不能称为佼佼者。袁媛对众多追求的优秀男生视而不见，偏偏选择了叶亦川，不知道叶亦川什么时候中了巨额的彩票。

必然地，他们的恋情遭到袁家的反对。叶亦川来自穷乡僻壤，袁家看不到他的前程，更看不到他们的未来。袁家的服装公司规模越来越大，袁爸爸希望女儿毕业后能来帮忙管理。可是袁媛学的专业是视觉设计，对经商丝毫不感兴趣，斩钉截铁地说，毕业后要自己做一番事业。毕业的时候，袁媛不顾家里反对，和叶亦川去了北方，一起做起了互联网。

未料，袁媛毕业的第二年，袁家的工厂因一场意外大火被焚烧殆尽，袁家损失了半壁江山。袁爸爸因为意外打击，突然得了脑溢血住院，袁妈妈将财产大部分兑现，工厂恢复原貌，却已经无力支撑，给工人发了工资和补贴，遣散了大部分工人，只留下少数员工。不久，家里变得困顿起来，靠袁妈妈的工资来维持。起火的原因，经警方调查，乃有人蓄意所为，但肇事者潜逃，一直追踪不到。

袁媛无忧无虑的公主生活终结，她回到父母身边，照料住院的父亲。几个月后，父亲出院，袁媛便开始了另一段人生。

### 3

袁媛能想到的最赚钱的办法就是去做配音了。

她的嗓音很特别，在学校的时候，曾为某个师兄的电台做过几次广播剧配音，还拿过不菲的酬金。于是她再次找到那位师兄，请他帮忙介绍些配音的工作来做。师兄给她很多帮助，并且还帮她介绍了一个民办师范院校做兼职配音教师的工作。袁媛的时间、空间饱胀起来，从讲课到电台电视台的配音，经常一个人配音几个角色，从早到晚，12个小时连续在录音棚，吃饭的同时都在看台词，回到家已经深夜时分。不同的角色，个性迥然不同，同时演绎几个不同角色需要很多技巧和努力，十几个小时下来，需要消耗很大体力，每每一天工作结束，几乎已经虚脱。

袁媛如此辛苦，叶亦川痛惜不已，怎奈袁家已经陷入绝境，她能做的，相对于重大损失而言也只是九牛一毛。

袁媛在两年之内配音的作品光碟等身，她也在披星戴月的辛劳之后收获了不菲的口碑。她的声音有很高的辨识度，具有鲜明的个人标签。很多人都想揭开这个声音背后的面纱。可是袁媛在意的不是这些，自始至终，她不过是为了不可推卸的责任和义务，这是她能够拯救她爸爸的唯一办法。至于赢得的欢呼和赞叹，也只是对她的一种肯定，是鼓舞她继续努力下去的动力。

可是事与愿违，在袁媛的事业如日中天的时候，某一天在配音中她突然失了声。她站在那里一个字都说不出来，眼泪哗地就流下来。失声对她这个以声音为职业的人来说，意味着，她失去了全部。

她被诊断为声带结节，需要手术。并且手术后，声音短期内无法恢复到从前。所以，她的配音事业宣告终结。

## 4

不知道袁媛是怎样度过那些日子的，所幸，她住院之后，法院便传来消息，她家工厂的纵火犯终于落入法网，她家的巨大损失得到了大部分赔偿，她可以踏踏实实地休养了。

袁爸爸说："媛媛，你劳苦功高，爸爸欠你的，以后都不需要那么辛苦了，喜欢做什么就去做吧！"

袁媛说："我只想做回我自己。"

休养了两个月后，袁媛成立了个人视觉设计工作室。叶亦川带她去了一些她向往的地方取景，她根据自己的判断和审美为别人订制照片影像。不论流行风尚或是传统古典，抑或是异域风情，她都能拿捏得精确而贴合。一年之后，袁媛视觉设计工作室已经人满为患，她已成为炙手可热的形象设计大师，约她需要提前一周。

袁爸爸终于接纳了叶亦川，因为在他重病之际，在袁家落魄的时候，叶亦川一直帮袁媛照顾左右。袁媛也由衷欣慰地说："别人追求的是光环下的袁媛，而叶亦川爱的是普通姑娘袁媛，即使她不再多金，声音不再动听。所幸，我自始至终都知道，他爱我不离不弃。"

## 5

袁媛打电话过来是因为喜欢收藏的袁爸爸最近看中了一

幅画作，她听说画作的作者是我的一位朋友。

因而，毫无悬念地，她还在恢复期的声带吓着了我。

"可是，这么久人间蒸发，一个人承担那么多，还拿不拿我当好朋友？"我说。

"很多事情，别人帮不来的，只能一个人努力。我不想引来围观，不论是在任何境遇。我也相信，只要我一直努力，面包会有的，黎明会来的。哈哈。"袁媛爽朗地笑，声音因为嘶哑有些暗沉。

可是我仿佛看到了她骄傲的笑容。

她永远都是个骄傲的存在。勇于接受生命的残缺和遗憾，笑面人生，拯救自己，这正是她迷人的地方和生命不竭的力量。

坚强的毅力和完美的执行力是拯救我们每个人最重要的利器。悲伤不适合循环播放，奋斗崛起才是主旋律。笑面人生不退避，废墟中重新骄傲地站起。

凤凰涅槃，浴火重生。你若从容，生命不负。

维纳斯尚有断臂，生命怎会完美？假如上帝没有为你打开那扇窗，请你用尽全力，勇敢地去推开。

这朵蔷薇没有什么与众不同，她只是比别人多了一种孤勇，她的背后没有好的风景，可是她敢奔赴多彩的人生。

# 我与众不同，
## 因为我敢奔赴多彩的人生

### 1

2014 年小年的前一天，我陪薛阿姨去了雍和宫。大清早，那里便已经排起了长队，经过两个小时的排队等候，我们终于走进大门，来到大雄宝殿，薛阿姨虔诚地跪拜，口中念叨的是："请佛祖保佑我儿子今年工作顺利，和女朋友顺顺利利。"

子君，你妈妈不远千里来到北京，不为观光旅游，只为了能到这全国最高规格的寺院给你祈福祝愿，我不知道你能不能想象到薛阿姨那一刻的样子，可是至少在旁边的我，心里有说不出的感动。

很意外的，薛阿姨说你的女友叫欧阳蔷薇。我看了照片，原来真的有这么巧，真的是我熟悉的那个蔷薇。薛阿姨说你们最近闹别扭，让我和你聊一聊。

那么，说说我认识的这个姑娘吧。

欧阳蔷薇出生的时候，上边已经有两个姐姐。据说欧阳家族在古代的时候是官宦人家，后来历经朝代变迁，家族没落了。蔷薇的爸爸能够举出最具说服力的证据便是他们的姓氏，是能够保留下来的为数不多的官宦姓氏之一。所以，蔷薇的爸爸一直希望能生个拯救家族的奇才，当然应该是个男孩，至少可以将欧阳一氏的血脉延续下去。可是遗憾的是一连生了 3 个女儿，到了这第三个女儿蔷薇出生的时候，她爸爸的失望已经变成绝望，他的人生已经没有奋斗的价值，他不是巨富商贾，三个女儿他养不起，于是，将蔷薇过继给了不能生育的远方表哥和表嫂。所以，蔷薇比别的女孩富有，她有两对父母，亲爸亲妈和养父养母。

蔷薇和养父母一直生活在不算繁华的江南小镇，因为大人间的约定，她在 17 岁以前一直不知道自己的身世。养母很疼爱她，却在她 12 岁那年因为乳腺癌早早地去世。她的养父在一年之后又结了婚，蔷薇不想去那个新家，于是跟爷爷一起生活。爷爷年纪大了，又不太会照顾人，所以蔷薇几乎是自由生长。所幸，她是个乖巧又懂事的女孩，很少让人操心。

养父结婚那一天，蔷薇没有去参加婚礼，把自己关在房间里，抱着养母的遗像哭了好久。爷爷参加完养父的婚礼回来，听见她的痛哭也落下泪来。他说："别哭啊，好孩子，有爷爷呢，爷爷最疼你了。"

可是爷爷毕竟不如妈妈细心。蔷薇很快到了青春期，14岁那年夏末，来了月经，弄脏了薄薄的裤子，自己却浑然不知，上体育课的时候，她还在跑圈，体育老师突然跑上来叫她出列，领她去找了班主任，班主任老师把她送回家换了衣服，又给她买了卫生巾，告诉她青春期的常识。

后来，蔷薇就很不喜欢上体育课，因为那体育老师是位男老师，那是一种秘密被揭穿后的惊惧。很多年以后，蔷薇依然非常感激那位体育老师和班主任老师，可是感激之余，心中有说不出的酸涩，因为后来看起来的每件小事，在青春期都曾是一件天大的事。

## 2

蔷薇没有能考上一线本科院校，考上的是一个北方的二线大学，不过，这也足够让爷孙两人雀跃了。蔷薇在江南长大，温婉秀美，一举手一投足都带着典型的江南气韵，和北方的女孩有着明显差别。那个地区十字绣很兴盛，她的课余时间基本上除了看书就是给人做十字绣赚钱。虽然离家很远，但是蔷薇每个假期都要回家去陪爷爷，因为她怕爷爷太孤单，知道爷爷想念她，这个世上，她只剩下这唯一最亲的人了。蔷薇通常单程要坐 5 天的火车，从学校离开的时候提着个空箱子，火车一路向南，天气转热，每停几站，蔷薇便从身上脱下一件衣服，到家的时候，身上是短裙，箱子里已经塞得满满的。从家里返回学校的时候，又将箱子里的衣服一件一件地穿上，到学校，已经穿着羽绒服、长靴，提着空箱子。

这每次往返的旅程，总让她想到蜕变，人总是要经历漫长的千辛万苦才能化茧成蝶，这期间她要经历各种气候变换，看着窗外的风霜雨雪，冬尽春来，她每一刻都想珍惜。

大学毕业之后，在爷爷的鼓励下，她来到北京一家广告公司做文案，成为北漂一族。没有任何悬念地要经历所有北漂的历程。和同事兰竺合租的房子破旧寒酸，房主不提供洗衣机、空调，夏天闷热无比，冬天供暖不好。兰竺自嘲说，本来还期望着毕业逃出集体宿舍登上天外天，没想到一下子回到解放前，就差贴个陋室铭了。蔷薇只是嫣然一笑。

## 3

入职的时候，兰竺买了好多高档的化妆品和名牌服装，因为要做白领，先要把自己装备好。蔷薇也买了高档商品，却是笔记本电脑和移动硬盘以及两个小的优盘；化妆品不是最高档的，却是适合她肤质的；服装不是名牌，却独有风尚。

两个人都做广告文案设计，蔷薇总是做得又快又好，每期按时完成任务，而兰竺做得慢，质量又差，半年后，蔷薇就被纳入了潜力项目组。兰竺找主管说理："凭什么我们一起来的，待遇却不同？"主管皱着眉头说："兰竺，你真的看不到你和蔷薇之间的差距吗？蔷薇每个月都能交上几份很优秀的策划文案，这些文案被公司高层大加称赞，有创意，有亮点，有思想内涵，有可操作性。而你这半年之内文案的数量不到蔷薇的一半，就更不要说量变到质变了。自己回去想一想，你在休闲娱乐的时候，蔷薇都在干什么。"

兰竺忽然想起，蔷薇周末很少跟她一起去嗨，去KTV……

每次写文案，兰竺都会受到干扰，比如正好微信群里大家在聊她喜欢的明星，她正在热追的剧，或者有谁黑了谁，于是兰竺礼貌地点个赞，说几句，想起还有文案要写，她很快便撤离。可是手机提示微博上有人私信给她，点开看一下，是她订的化妆品又出了新品，那自然要了解一下。然后，手机又收到短信，是好姐妹约他一块儿去看周杰伦演唱会，那怎么能错过！等她全部搞定，半天时间已经不着痕迹地溜走，文档还是空的。

兰竺突然想起，蔷薇似乎很少发微博，很少发微信，她写文案的时候要关手机，关网络，她甚至只在地铁上才刷微博，回复微信。每天在来回两个多小时的地铁上，兰竺看着手机里的搞笑视频的时候，蔷薇还像学生时代一样在认真地看书，半年时间，不知道蔷薇看完了多少本书。而有了深厚的知识积累，她的文案自然写得又快又好。

## 4

一年之后，蔷薇被任命为公司驻天津首席文案策划。她去了天津，在那里，遇到了对她有着重要意义的人。

没错，是你，子君。

你作为她上任后的第一个重要客户，正式地约见了她，你不只是爱上她的睿智和美丽，更爱上她勇于追逐生命的勇气，你们的故事于是就开始了。

瞧，我给你脑补了她过往的人生，她之后的人生，我期待着你将来讲给我听。

这朵蔷薇没有什么与众不同，她只是比别人多了一种孤勇，她的背后没有好的风景，可是她敢奔赴多彩的人生。

她野蛮生长，他便是照耀她的那一缕阳光。她的人生，他从未缺席。他在她心间种下茵茵绿草，她亦化作护花的春泥。

# 感谢你照耀我野蛮生长

## 1

对乔伊来说，这世上最好吃的有三样东西：豉汁烤鱼，咖喱牛腩，还有陈逸家的海鲜面。

前两种东西别处也可以吃到，可是陈逸家的海鲜面条，世间独此一家，无可复制。

即便在时隔多年以后，那独特的清香依然让她魂牵梦绕。

2015 年夏，乔伊终于整理行装，从曼哈顿飞到北京，再坐高铁，一路颠簸 8 个小时，才回到 S 城，她的脑海中想起的仍是那热气腾腾的海鲜面，她甚至觉得口舌生津，有泪悄然盈于睫，她却整整幸福了一路。

在乔伊的记忆里，S城是个奇怪的小城，大概世上再也找不出一个类似的世外桃源，山清水秀，竹林深深。风景虽美，却尚待开发，只有很少的人慕名来到这曲径通幽之处，感叹此处堪比人间天堂。城里的居民大多以捕鱼为生，安逸舒适，自足快乐。

小时候的乔伊很贪睡，却经常在大清早就被叫醒。那些声音奇奇怪怪，有女人吊嗓子清亮而高亢的声音，有叫卖米糊的男子粗犷的声音，有夫妻吵架，锅碗瓢盆做武器的叮叮当当的声音，有老人吆喝小孩的喋喋不休的声音，还有乒乒乓乓、哗啦啦甩牌打麻将的声音。

是的，S城这个奇怪的小城，因为生活的安稳舒适，人们打麻将蔚然成风，很多人可以从清早拼杀到深夜，昼夜不停，无休止地在麻将桌上豪掷人生。

虽然各种声音充斥在耳廓，但是乔伊对麻将牌相互撞击的哗啦啦声格外敏感，她一下子就能分辨出在隔壁打牌的阿爸的状况。在开局之初，打牌的几个人都是沉默的，都会很专心地打牌，渐渐地就会有人埋怨，有人不满，有人调笑，有人吵闹。乔伊眯着眼，听到隔壁阿爸骂声不断，他输的时候会骂人，赢的时候更会骂人，不过，乔伊分得清他开心还是沮丧，那骂人的语气是不一样的。

乔伊很小的时候，不知道为什么阿爸不喜欢她，阿爸总骂她，说她克死了妈妈。后来，是住在对面楼的陈奶奶，也就是陈逸的奶奶有一次告诉她，她妈妈在生她的时候难产而死，还叹息说，这都什么年月了，还有难产死的，真是罪过啊。从那时候起，小乔伊就觉得，阿爸也算不上是坏人，只不过是因为太想念妈妈了，才会恨她的吧。

　　阿爸每天都忙着打牌，只有在天气好的时候才想起去捕鱼，做点生意，所以经常会忘记还有小乔伊这个女儿需要照顾。乔伊饿肚子是常事，不过好在弄堂里爷爷奶奶、叔叔阿姨都认识她，喜欢她，她随便走进一家小店，他们都会给她端碗米饭，笑盈盈地哄她开心地吃完。她有时候想，那些大明星走到哪里估计也就是这等待遇了，所以，她还是很厉害的。多年以后她才懂得，那是因为小城人心质朴，对身在厄运的小小的她都无限疼爱。

　　小乔伊最喜欢去的就是陈逸家的面馆。

　　吃百家饭成长的她尝遍了小城的美食，其实小乔伊自己也分辨不清，到底是因为陈逸家的面条好吃还是为了去找陈逸玩。她就是喜欢去吃他家的面，因为陈逸是她最好的玩伴，他们可以无话不说，无事不做。陈逸就是她的倾诉对象，她可以跟陈逸吐槽阿爸多坏，老师多讨厌，还有某个同学多可恶。每次小乔伊被人欺负，陈逸都会想办法替她讨回公道，所以，在小乔伊的眼中，陈逸就是高大的保护神。

## 2

小乔伊的阿爸从来都觉得这个女儿是个累赘，也从未想过将来她会有所成就。在这样的小城，女孩子都是找个好人家嫁了便是最终归宿。嫁出去的女儿泼出去的水，早晚是别人家的人，所以自己无须多费力气。

可是小乔伊12岁的时候，着实让他惊艳了一下。那一天，他的手气非常不好，从早输到了晚。已经暮色降临，他一边打牌一边骂得尽兴，就要狠狠地甩出一张牌，却被一只小手挡了回来，他一抬眼，原来是小乔伊背着书包不知什么时候站到他的身后。乔爸不耐烦地说，去去去，去找陈奶奶吃晚饭，吃完回去写作业。小乔伊却附耳过来，跟他说了几句悄悄话。乔爸惊讶地又转脸看她，有些不敢置信，翻了翻眼珠，却按照小乔伊所说，变了策略。

几分钟后，在众人讶异的目光下，乔爸赢了，和了很大的一牌。

乔爸很震撼，没人教过乔伊，她只是偶尔来转转，对麻将牌也没有任何兴趣，12岁的小女孩如何就能够看破牌局，指点江山？

这丫头莫不是天才？可是平庸如他，如何能够拥有一个天才的女儿？这简直是天方夜谭，那天的事或许只是巧合罢了，这世间的奇怪之事实在太多，不是每一桩都有合理的解释。

## 3

可是，有些天分无可隐藏。

乔伊 15 岁的那个夏天，顺利考入重点高中，总分并不突出，突出的是她的数学成绩为满分，这在历届全市中考成绩中都是罕见。

升入高中，第三次月考后，乔爸接到了乔伊班主任吴老师的电话。吴老师非常肯定地说，乔伊是个数学方面天分极高的孩子，她很轻松就能解出高三的试题，数学成绩从未丢过一分，实在让人赞叹。

那一天，乔爸没去打牌，在房间里坐了很久，冥思苦想，终于想起乔伊一直喜欢一款迪士尼的手表，他专程去给她买了回来，并且做了一顿丰盛的晚餐。

乔伊 17 岁时，已经在 S 城小有名气，因为在麻将桌上的传奇故事，被称为"神算子"。乔伊却并不贪恋麻将牌，甚至嗤之以鼻，从没想过要踏入"江湖"。可是她已威震一方，所以身不由己，遭遇江湖人士的对决。

乔伊在陈奶奶 60 大寿那天遇到了巅峰对决。寿辰典礼之后，乔爸和那些叔叔又摆好了麻将桌，乔伊一会儿来乔爸身旁看热闹，一会儿到陈逸身旁看他打游戏。一会儿，就听到有人惊叹道，好牌！然后就看到一个戴眼镜的胖叔叔笑着说，见谅，见谅。

胖叔叔一连赢了 5 次之后，乔伊便离开了陈逸，跟乔爸说：

"阿爸，我来。"

8次博弈，乔伊赢了7次，戴眼镜的胖子只赢了1次。

之后，戴眼镜的胖子摘下眼镜问乔伊："你高几了？想考什么大学？"

乔爸笑笑说："我还没想好她考不考大学，怪累的，还得花许多钱，再过几年就嫁人了。"

胖子摇摇头，又诚恳地说："乔大哥，你难道不知道？你的女儿是个数学天才，千万别埋没了她的才华。实属罕见。"

这个胖叔叔M君是某大学数学系副教授，乔伊彼时还不知道，他便是她的贵人。他的这句肯定，改写了她的整个人生。

M君临走的时候，给乔爸留下了名片，再三叮嘱他，一定要让乔伊上大学，她将来必有所成。如果有什么困难，可以随时找他，他必当尽力而为。

栋梁难寻，弥足珍贵。

大概也就是从那一刻起，乔爸才真正开始正视女儿的才华和前程。他才醒悟，女儿应该有一个不一样的人生。

## 4

2009年，乔伊以超过分数线20分的成绩考入北京Q大学数学系，数学单科成绩为全校之冠。

乔爸的人生突然被什么东西狠狠撞击了一下，他变得不那么爱骂，也不再昼夜不停地打麻将，嘴角总是噙着笑，走起路来昂首挺胸，一副志得意满的样子，连衣服都变得得体和讲究起来。走在街上，看见熟人便说："乔伊啊，差点让我给耽误了，好在这孩子争气，又得奖学金了。哈哈。"

当然，乔伊有一点喜讯，乔爸第一个便是给 M 君打电话分享，他很喜欢一遍又一遍地听 M 君说"乔伊这孩子一定会学有所成"，那是他最大的荣耀，比起之前他在麻将桌上任何一次胜利，都要欣慰和快乐。

可是乔伊不快乐。

从她踏入北京 Q 大校门起，她的陈逸哥哥就变得疏离而客气。她不明白这是怎么了。是因为陈逸考得不够好，只考上了和 S 城一江之隔的 C 大，觉得在她面前不够体面？

乔伊只猜对了一半，不仅仅是因为学校的差距导致陈逸自卑，更多的是，陈逸已经清楚地知道，天才乔伊应该有一个明媚的人生，而他，是如此平凡，不应当踏入她的世界。

所以从上大学开始，陈逸几乎慢慢淡出了乔伊的视野，他很少跟她联络，假期也很少碰面。

大三那一年暑假，北京 Q 大的学长追乔伊追到家里，乔伊犹豫良久，带学长去吃陈逸家的面条。陈逸客气地吩咐后厨做两碗海鲜面，少盐，少油，足料，然后亲自端上来，微笑着说，请慢用。乔伊一边吃着热气腾腾的面，一边说，面实在太烫了。

是太烫了，烫得她眼泪都在眼中转圈圈。

那学长去埋单，服务生告诉他："我家少公子已经吩咐免单。"乔伊没说，其实乔伊从小到大吃他家的面都是免单，他又岂会计较这一单。

何止免单，阿爸送她到大学报到的第一天，去交学费的时候，辅导员老师告诉她，她的学费几天前已经有人交了。

阿爸一直没猜出那个好心人是谁，可是乔伊一直都知道，是陈逸担心乔爸不给她拿学费，他便提早跟他爸爸撒谎说要买新手机，从他爸爸那里拿到的钱。陈爸一直骂他是败家孩子，买完东西就丢。

乔伊不知道的是，陈逸吩咐完免单便开着摩托车去了后山，一个人一直坐到日落才回来。

大四，乔伊顺利通过 GRE 考试，毕业后去了美国。临行前，乔伊打电话问陈逸："陈逸，你说我去还是不去？"

陈逸当然知道这个决定的重量。他沉默良久，说："伊伊，那里有你的好前程，去吧。"

乔伊挂了电话，落下泪来，她很想说，可是那里没有你。

乔伊在美国半年后，听阿爸说陈逸的爸爸重病卧床，陈逸辞了外省的工作，接手了他家的面馆，还挺红火。并且，他订了婚。

没多久，乔伊在电子邮箱里看到一封来自中国的陌生信件。只有一句话：是我不要陈逸，不是他不要我，因为我不想当你的影子。你懂？

乔伊立刻给阿爸打电话，问陈逸的近况，得知陈逸的爸爸已经去世，陈逸不知为什么解除了婚约，和女孩分了手。

## 5

2015 年夏，乔伊结束两年的海外生涯，拒绝了国内几家知名机构的邀请，到与 S 城一江之隔的 C 大任教，从曼哈顿飞到北京，再坐高铁，一路颠簸 8 个小时，她回到 S 城。

乔伊回来的时候，家里没人，隔壁的麻将声声声入耳。她笑了笑，便去了隔壁。

果然，阿爸在这里，大家都嚷着："哎呀，伊伊回来了，也不打声招呼。"乔伊笑嘻嘻地说："来来来，我来试试手气。"

乔伊一直没赢，叔叔婶婶说："哎哟，伊伊啊，你离开太久了，都不会打牌了啊。哈哈。"乔伊笑道："是啊，是啊，都生疏了呢。"

傍晚，陈逸刚回面馆，在二楼休息，便听到一个熟悉的声音："给我来碗海鲜面，少油，少盐，足料！"

陈逸不敢置信，穿着拖鞋跑下楼来，站在玄关处，便看到了那个熟悉的倩影。

陈逸做了个深呼吸，亲自将面端到她的面前，她却说："一碗如何能够？我需要一生的面。"

2015 年秋，陈逸家的面馆连锁店入驻 C 城。半年后，书城附近多了家咖啡店"咖啡书情"，大家都知道，那个漂亮的老板娘还有个身份，是C大最美的女教师，她的名字叫乔伊。

她野蛮生长，他便是照耀她的那一缕阳光。她的人生，他从未缺席。他在她心间种下茵茵绿草，她亦化作护花的春泥。

# 你终将成为让自己仰慕的人

你终将成为让自己仰慕的人
敢与过去说分手，才是走向永久
诗和远方，只属于有勇气的人
纵然岁月多风雨，几多欢喜共期许
今夕何夕，与你不期而遇
你可以为自己而骄傲
纵然艰辛万千，我终与你比肩
没有来日方长，想想你梦想的模样

辑二

只有足够热爱，才能够专注，才能够保持极大的热情坚持下去。所有的坚持都不应仅仅是单纯的、机械的维持，唯有热爱的温度在其中，才会恒久持续。

# 你终将成为让自己仰慕的人

## 1

玲珑姑娘的生活发生巨大变化是在她工作一年之后，因为一条语音微信。

发了那条语音微信之后，她才知道，原来自己的声音很动听。

而在此之前，玲珑从未在公司微信群里发过语音。

那是一个偶然。她还记得那天自己在拥挤不堪的地铁上，地铁的广播声音刚落，手机微信便响个不停，她背着个大挎包，单手握着吊环，费力地用另一只手刷开手机微信，便看到于秘书发的紧急通知，要求下午1点钟全体人员到小剧场参加重要会议。

　　玲珑此刻正在赶往跟别人约好的会谈途中，1点钟无论如何也赶不回来。她此刻在地铁上的姿势实在不方便写字，便发了条语音，"于姐，我约了个重要客户一小时后谈文案，我已经在去的路上了，1点钟好像赶不回来呦，怎么办？"

　　没想到，于秘书发了好几个花痴的表情说，"哎哟，玲珑，冲你说话像黄鹂鸟一样好听就许你特例，你去忙吧，客户要紧，回头我跟老板说。"

　　玲珑愣了好一会才回复，"那谢谢于姐了。"

　　玲珑下了地铁便回听了自己的语音，好听吗？好听！她在重复播放了10次之后，突然讶异地发现，原来自己还有这样美妙的声音，自己居然不知道！她突然茅塞顿开，领悟到了什么。

## 2

　　玲珑在此之前，从小学到大学再到工作这些年里，一直是个很保守内敛的乖乖女。曾经和很多女孩一样，没跳出过那个成长模式，从小被教导一心只读圣贤书，考上大学才有出路；不负众望地考上了重点大学，又在一家知名文化公司谋得一份前景不错的工作，带着骄傲荣归故里。可是玲珑对青春的记忆却很贫瘠，单调的学习，涩涩的暗恋以及失败的初恋便是她的全部曾经。

在等待入职的那个暑假，玲珑的心一直是紧张而雀跃的，她看了很多职场达人手册，仔细钻研了《杜拉拉升职记》系列，还买了几款时尚服装，从心理到外表都给自己踏入职场做了各种充分准备。

可是上班一段时间之后，尽管玲珑非常敬业，她却发现自己没有可能成为杜拉拉。相反，一个和她同期入职的女孩栗莹倒是备受青睐。

当然了，栗莹是个漂亮的美少女，美人到哪里都是万众瞩目，自带广告效应的。

春节开始，玲珑毫无悬念地走上了被催婚的道路。七大姑八大姨齐聚一堂，每个人都不忘重要的事情说三遍，"玲珑，该找男朋友了！今年一定要解决啊！"

长辈们淋漓尽致地表达着关切，玲珑突然对酒产生了兴趣。她从来没发现自己能喝那么多酒，当然，也没料到自己能醉到不省人事。

刚刚开始不久的新生活突然间变得危机四伏，毫无预兆地加入了剩女大军，玲珑开始自省，她开始审视自己的过往，发觉自己的成长之路是多么平凡而苍白。学习、学习再学习，上班、下班再加班。像单调的默片，机械而沉闷，毫无装饰和色彩，自己都觉得无趣，怎么会讨人喜欢呢？

玲珑觉得自己必须改变。

可是怎样才能使自己变得神采飞扬？于是这条语音微信给了玲珑很大启示。

玲珑觉得自己不能再继续保持沉默，之所以自己在别人面前没有表现出精彩，大概是因为自己太过低调拘谨。人生的各个角落都需要表达，只有适度张扬才能表现自己，才能让领导关注到自己的存在，也才能有机会显现自己的潜质。

于是玲珑决定，以后要充分利用自己的声音优势。

## 3

接下来，大家就经常听到玲珑好听的语音了。

她尽量让语音自然义多姿地呈现出来。比如，她会加不同的语气词，哎哟，呀，真的吗，可不是么，那怎么办呀，好的好的，太好了呀，诸如此类，让人强烈感受到她的各种情绪。

效果显而易见，很快大家都认识她了，在大楼里擦肩而过，会有热情的笑容迎上她；在餐厅还会经常看见有人隔着很远向她招手打招呼。

至于爱情，玲珑早有恋慕。她喜欢上了和她同期入职的佟雨。佟雨在另外的部门，平常见面两个人会含笑打个招呼，却没有很多交集。

可是有一天，佟雨在微信上给玲珑发了条消息，"我部门下周活动需要些服装道具，你们部门上次活动用的那些服装道具能借我用一下吗？"

在入职培训期满的宴会上，玲珑曾有机会用手机拍了一张佟雨的侧影特写。之后，玲珑就将这张特写设置成了微信聊天的背景。此刻，那头像上的眉眼似乎都在冲玲珑微笑，让她感到了心中的悸动。

玲珑立刻就写字回复，写了几个字却又猛然删掉，做了好几个深呼吸，努力掩饰住自己微微的颤抖，调整好自己的音色，发了一条语音过去，当然可以呀，没问题。

那条语音"嗖"地跳到屏幕上，玲珑觉得自己的心也跟着跳到了佟雨的手心里，那感觉好奇妙。

她有足够的理由相信这条语音的魅力，她相信这条语音正在春风化雨，某扇窗正在被轻轻开启，她甚至为自己的睿智感到兴奋。

之后，玲珑在大家眼里变成了另外一个人。

玲珑在同学的帮助下开始玩股票，都是短线交易，每天在股票交易的时段她都会握着手机驰骋股票战场，奋勇厮杀。她运气不错，每周都能有个小赚。大家集体出去旅游，导游在车的前方讲解湖光山色，历史遗迹；她在座位上充耳不闻，忙得不亦乐乎，偶尔失望地感叹或兴奋地惊叫，引得几个同事围过来凑热闹，低声嘻哈，领导回头宽容地笑笑，还称赞她，玲珑厉害呀！

玲珑的闺密在做电商，她估算了一下，公司一共上千号人，有这么多的微信好友，做电商应该不是件难事。于是玲珑也开始做起来，她推销的是一款鼻贴膜和面膜。玲珑做得很努力，每天亲自真人秀，自贴鼻贴和面膜，拍照片发链接，让大家看到真实的效果。有图有真相，女同胞一拥而上，恨不得每人一套，甚至男同胞也来买给女友。面膜、鼻贴供不应求，连连追订，玲珑的电商生意做得风生水起。

时间久了，玲珑便成了大家口中的玲珑 Boss。这时候的玲珑 Boss，已经自信超负荷，自带气场。

玲珑的第二事业发展得非常好，很快又做了自己的直播电台。在直播的第一天便有好几个富豪粉丝刷屏，满屏的鲜花让玲珑看到了自己的美好。

玲珑很快便小有名气。可是，名人收获赞誉的同时往往也会被诋毁。所以，伴着名气而来的是各种恶言：能不能不在别人吃饭的时候刷屏，都是扯下来的鼻贴，恶心到不能吃饭。群里也开始出现对恶言的点赞和附和，玲珑突然觉得没有了招架之力。

玲珑对自己的肯定开始动摇。偏偏这个时候，听到了一个消息，部门领导为新职员争取到了一个去法国进修半年的名额，经过上级领导和中层领导投票一致决定，将这个名额给了栗莹。并且，听说佟雨向栗莹表白成功，将送栗莹远赴法国。

玲珑很挫败。

论工作的敬业程度，玲珑当之无愧为新职员之首，每次领导下达任务，她都是第一个响应并竭力完成。而栗莹几乎很少在群里出现，秘书每次发布通知，她都回复很晚；除去要求统一到位开会，大家几乎看不到她的影子。可能正是她的高冷让各级领导和同事们有了一个错觉，她很专注。这大概就是她能获得这个机会的原因。

玲珑会玩股票，会做电商，热情得一塌糊涂，却唯独忘记了，她给大家展示的恰恰不是最重要的工作。大家看到的是，她用有限的精力做了很多事情，而且是很多与工作无关的事情。

玲珑一夜未眠，大哭之后，深刻反省了自己。她突然发现，自己变成了自己曾经最讨厌的那种人。

曾经的自己，内心沉静而丰盈，如淡雅的雪莲，足以抵挡世界的喧嚣。现在的活泼、开朗、时尚，都像是绳索，将自己捆绑得无法呼吸。而虚假的灵魂，何以博得爱情？

她终于顿悟，现在拥有的一切并不是她想要的。

## 4

她还记得 17 岁时的梦想。

她甚至连续好几年的生日愿望都是希望将来自己能成为漫画大师，像宫崎骏那样的。正是因为从前的梦想，所以她选择了设计专业，因为可以跟梦想离得近一点。可是她现在的工作虽然在大多数人眼里前景很好，却与设计毫无关系。

任何一个领域都需要专注，而不是到处凑热闹。八面玲珑，终究一事无成。玲珑辞了职，不再玩股票，也停止了电商和直播电台，渐渐淡出了大家的视线。她开始继续自己的绘画和设计，潜心创作。

半年之后，玲珑的漫画作品开始在网络上连载，因为漫画人物形象可爱，故事寓意深刻，逐渐受到越来越多人的追捧。8个月后，漫画大师L姐关注到玲珑，邀请她在知名漫画杂志上合作连载作品，玲珑于是正式开始了她的职业漫画师生涯。之后，大家便看到她一部又一部惊艳之作的相继问世。

遵从内心，追寻至爱。只有足够热爱，才能够专注，才能够保持极大的热情坚持下去。所有的坚持都不应仅仅是单纯的、机械的维持，唯有热爱的温度在其中，才会恒久持续。

只有热爱，才会在努力的过程中迸发出无限创意，遇见自己不可预估的创造力，护佑自己成功。而机械的毫无生机的所谓坚持，不过是在重复一个圆周里的运动，很难跳跃出无形的牢笼，终究达不到飞跃的高度。

人终究要努力成为自己希望成为的那种人，而不是看哪种人很好成功，便去凑热闹。每个人都是这个世界的唯一，勇敢做自己，而不是仿制他人，否则便没有了自己的灵魂。仿制的人生无异于浪费生命，会让自己遗憾，终究会悔恨。

对于玲珑，我们唯有祝贺，祝贺她终于找到了自己，并且终将成为令自己仰慕的玲珑。

她在微博里写道：很抱歉没有为曾经的他成为更好的自己。而在未来的日子里，我会努力，为亲爱的你成为更好的自己。

# 敢与过去说分手，
## 才是走向永久

### 1

2015 年年末，写新年愿望的时候，大家都写下对未来一年的憧憬和心愿，唯有姚小米的愿望最特别，她写的是：我想回到 2014 年。

大家看到后都哈哈一笑，调侃小米，这是要穿越的节奏啊。我却一直沉默，因为，只有我知道，对她来说，2014 代表着什么。

2014 年，姚小米遇到了最绚烂的爱情，得到了令人艳羡的幸福，却最终惨淡落幕，失去了所有。

小米的妈妈一直奉行女儿要富养的原则，将小米如公主般养大，所以，一直以来在顺境中长大的小米还不懂得怎样去爱，怎样去包容，怎样去拥有。

2014年见到S君的那一刹那，忽如一夜春风来，小米的爱情骤然绽放。S君爱得热烈而真挚，让小米深深沦陷。

可是，似乎爱得越深，在乎越多，要求便也越多。小米的公主病很严重，需要S君无时无刻不去证明对她的爱。

因为两个人身处异地，所以考验相当多。

为了陪她看期待已久的电影首映，S君特意推掉周末公司举办的Party，飞到她的身边。恰好赶上她生理期，S君贴心地去超市给她买卫生巾，回来后她却责怪道："你干吗买日用的？我需要夜用的。"S君委屈地说："你只告诉我买这个牌子，谁知道卫生巾还分日用和夜用啊？"

总之，理论到最后，是S君不对。

小米想给S君惊喜，毫无预兆地到了他的城市，他却临时出差了，擦身而过。小米站在他的城市哭天抢地："你根本不爱我，分明就是躲着不见我。"S君无辜地说："你昨晚睡得早，我睡前给你发了微信，告诉你，我今早临时出差，你没看到？"小米这才想起，早晨到现在一直没有上网。

不过，总而言之，还是S君不对。小米是来给他惊喜的，而他却不在，说什么都不应该。

S君要去大理出差，小米便想起了那个电影《一路惊喜》，大理就是艳遇的诞生地，怎能掉以轻心，恰好前几天同事分享了一个试探男友的办法，她便也去实践。深夜，小米捏着鼻子，用新买的手机卡打电话给 S 君："请问先生，您是不是需要特色服务？"结果 S 君一下子便听出是她的声音，沉默片刻，便说："需要，你来吧。"小米砰地挂断电话，哭了一夜，骂他狼心狗肺，S 君也气了一夜。

在情人节，S 君送她的是 999 朵蓝色妖姬，她却嫌俗气，这时候她已经不稀罕 999 这个数字，那时她钟爱的数字是 1，代表此生唯一。所以，他干吗不送一枝大马士革，一枝足矣。

S 君还兴奋地问她，喜欢吗？最新上市的蓝色妖姬，好不容易订到的。她沉默半晌才说，还好。

为了证明 S 君的爱，小米还要求他陪她一起同甘共苦。S 君有些过敏体质，不能多喝酒。可是那是小米最重要的闺密和男朋友，已经几年没见。相见甚欢，不喝酒实在有些扫兴，于是那晚 S 君喝了很多，酒席没完，便全身过敏，有些中毒，被他们送去了医院。医生抢救之后问小米："你难道不知道他过敏吗？还让他喝这么多酒，你不知道会有生命危险吗？"可是 S 君还是觉得很抱歉，因为给她丢了面子。对小米来说，面子比天大。

小米在求证 S 君的爱这件事上脑洞无限大，终于耗尽了 S 君的热情。S 君最后哽咽地说："小米，我很爱你，可是我们再不能在一起相互折磨。"

向来祸不单行，S君离开了她，好运也不再眷顾她，那段时间的频频失误，导致她最终失去了工作。

小米后来做了很多胆大妄为的事，比如一连打了8个耳洞，戴无限夸张的耳圈；比如将头发染成了自己一度厌恶的亚麻黄色；比如开始吸烟，学着喷云吐雾；比如一个人深夜去酒吧，去蹦迪，差点遭到劫持，很多很多。可是，做完这些自己觉得疯狂的事之后，她更加崩溃，好长一段时间，她觉得自己跟僵尸毫无区别。

## 2

后来遇到了邹义，是因为小米在一次出差之后在机场拿错了行李。那日小米还没到家，便接到了机场服务人员的电话通知，会有一位邹义先生跟她电话沟通，交换行李。

小米就近下了车，拎着行李在约好的地点等邹义。几十分钟后，邹义才过来，小米疲乏之至，又顶着大太阳，便非常不满意，凶巴巴地说："你不会看好行李吗？害得我等这么久，这么麻烦。再说，你一个大男人拿一个紫色手提箱合适吗？算了算了，废话少说，还给我箱子，我得检查一下丢东西了没有，丢了就拿你是问。"

小米蹲下来拉开箱子拉链，胡乱翻了几下，说："还好，你还算老实，没动我的东西，动了饶不了你。"

小米拉好箱子拉链，站起身，一边不满意地说着，一边拉着箱子转身要离去，却差点摔倒。那邹义皱着眉头，一个箭步扶住她："你没事吧？"

邹义见她脚步有些飘忽，很不放心，居然好心将她送回了家。临走的时候，邹义说："再见。哦，对了，其实这箱子是我妹妹的，我是替她带回来，所以是紫色的。"他笑了。

"哦，好吧。谢谢你，再见！"

大概就是说再见的时候，小米的嫣然一笑，邹义便在那个瞬间爱上了她——这个有些落魄的坏脾气姑娘。

邹义大概还是不放心她，第二天便打电话来问她需要帮什么忙。小米正在发烧，嗓子沙哑，说没什么事。可是，没一会儿，邹义就来敲门，强行带她去了医院。一连输了5天的液，每天邹义都按时来陪她。小米好奇地问他："你是我捡来的保镖吗？"

事实上，这个保镖其实挺烦的，他并不只是安守本分做个称职的保镖，他管的事超级多。比如，每天打电话问她的日程安排，不允许她晚归，更不准她一个人去酒吧，而小米必须乖乖地说实话，不然他会毫无征兆出现，把她抓回公寓。比如，他限制小米肆无忌惮地吃雪糕和喝酒。比如，他不许小米吸烟，甚至将小米家里私藏的烟全部收缴，换成各种零食和糖果。比如，小米去理发店，他要求小米将头发染成深棕色而不许再染亚麻黄。再比如，他要求每天早上陪小米去跑步，小米当然心里一百个不乐意，不知道是谁陪谁跑步。

可是他每次的要求都让小米无法拒绝，因为诚意十足，并且都会有丰厚的奖赏。期待已久的抱枕啊，毛绒玩具啊，小米喜欢什么他都知道。所以，为了那些垂涎欲滴的奖品，小米也不得不一一照办。

有时候小米觉得邹义真是烦死了，婆婆妈妈，啰里啰唆的，实在不像个男人。直到半年后，他病了，她到医院去看他，遇到了他的好朋友才知道，邹义对女生从未如此呵护备至。

"他非常爱你。"他深意十足地说。

"谢谢你。"小米沉默良久说。

那一刹那，她幡然醒悟，忽然就觉得封闭很久的心窗被撞开，太阳携着万丈光辉照射进来，她知道她该怎么做了。

小米是日语专业毕业，可是毕业几年下来，从前的知识早已丢得差不多，她重新学起了日语。因为她知道，邹义工作中经常用到很多日文资料，她希望助他一臂之力。

小米不再吸烟扮酷，不再晚归让邹义担心，有兴致的时候还钻研一下厨艺，做他喜欢吃的烤鱼。

2016年已过大半，最近大家又在回顾过去，展望未来，我欣喜地看到，小米新的愿望是，努力成为更好的自己。

她在微博里写道：很抱歉没有为曾经的他成为更好的自己。而在未来的日子里，我会努力，为亲爱的你成为更好的自己。

她终于放下所有，与未来走向永久。

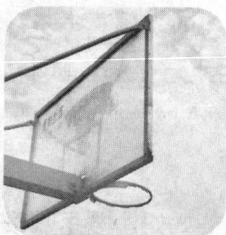

其实说到底，我们的远方在心间。梦想有多大，舞台便有多大。

# 诗和远方，
## 只属于有勇气的人

### *1*

我固执地认为，美丽的地方兼具两种功能。其一是纯粹的旅游体验；其二是为了治愈。

2015年夏，我和林琳奔赴丽江，兼具这两个目的。

不要误会，需要治愈的是她，而不是我。

当然，林琳自己是不肯承认自己需要治愈的。

因为她从不愿服输。

没错，你猜对了，她是女汉子。

她有多硬朗呢？

就在临行的 10 天前，这位女汉子亲手将喜欢了 8 年的男子送上了结婚礼堂，她是伴娘。并且，一周后辞职。

我仍然记得她从台上下来转身过后双眼中的悲凉。没有泪水，却盛满沧桑。

我们到丽江的时候已经暮色四合，找到朋友预订的小旅馆时已经很晚。小旅馆的主人阿瑟是个健谈的年轻人，正在热情地招呼客人，很小的电视机释放出很大能量，使得小旅馆不大的客厅却有拥挤的感觉。

我和林琳拿着房门钥匙到二楼的房间刚安顿下来，就听见有人敲门。是阿瑟，他是来送空调遥控器的，顺便给我们建议了第二天的观光路线。

林琳有心事，不想睡，我也有些睡不着，我们便坐在阳台上瞭望远方的夜景。

我几次想开口，但终究没开口，因为实在是觉得，林琳自己治愈自己的力量远远大于我的苍白的言语。

应该已经近凌晨时分，忽然听见楼下隐隐传来酒杯用力捶桌子的声音。我们趴到栏杆上向下望，原来是阿瑟在一个人喝闷酒。

林琳有了兴致，挑了挑眉说："走，这人有故事，去调查一下。"说完，便拉我下了楼。

阿瑟乐得有人一起喝酒解闷，热情地给我们倒酒。

我不能喝很多酒，可是林琳可以，在我们朋友中，论酒量，两个男生都喝不过一个林琳。

林琳笑嘻嘻地说："阿瑟，讲讲你的故事吧，长夜漫漫，反正也睡不着。你这么英俊，一定有心上人吧。说说你的姑娘在哪里？"

或许是林琳的恭维阿瑟很受用，或许他很少有人可以倾诉，阿瑟咧咧嘴巴，不知是哭还是笑，他说："我的姑娘就要离开我了，就明天。她要去上海了，我再也见不到她了。"

"哦。那你可以去找她啊，或者跟她去上海也是可以的啊！"林琳说。

"那怎么可以呢？我走了，小店就没人管了。再说，我都没离开过丽江呢，我也想出去，算了，还是不想了。"阿瑟自己干了一杯酒。

"是因为丽江太美，舍不得离开？"我问。

"不是的，我也不知道，没想过离开，总之就是没离开过了。"阿瑟喝得有点多了。

他忽然又说："说说你们吧。刚分手吧，你？"他问的是林琳。

"你怎么知道？"林琳沉默了一下说。

"哈哈，当然了。来这里的一半以上都是分手的，心情不好，需要吹吹丽江的风。我都分了好几个了，每次都是这样，来了又走。哦，对了，其实你知道吗？假如我当初不是听我爸爸的话，给他管这个破旅馆，我也能上个好大学，可是我就在丽江读的。对了，你们从北京来，认识 L 吧，那是我同学，假如当时我也去北京闯荡，现在我会比他还厉害。"

我和林琳都沉默了。

其实我想说，你完全可以过另一种生活。

林琳很快就意兴阑珊，说先去睡了。

## 2

我知道，她不是困了，她是需要独处一会儿，自己去治愈自己，毕竟，再强悍的心，被撕扯过，也会痛得流血。

林琳单亲家庭长大，却没有别的单亲家庭孩子的那些毛病。或许是因为从小就知道妈妈一个人带她不容易，所以，很早便懂得要自立。

她很少像别的女孩子那样撒娇，而是像男孩子那样勇往直前，她知道，这个世上，很多事情，都需要自己去努力争取和奋斗。

当然，爱情也不例外。

当她还没学会怎样去爱的年龄，她便已经爱上了宋鑫。

那真是让她着迷的一张面孔。也说不清楚到底是哪里让她着迷。是深邃的眼？薄薄的唇？还是耀眼的笑容？总之，一见宋鑫误终身，这句话她是信了。

林琳喜欢宋鑫真的是不遗余力。

林琳从中学起就帮宋鑫做作业，这样自然会惯坏顽劣的男生。所以到后来宋鑫的成绩越来越差，到最后林琳不得不在考试的时候帮他偷偷传纸条。高考的时候，林琳以优异成绩考入北京外经贸大学，而宋鑫只勉强考上了北京一所名不见经传的大学。

　　不过，考上就是成功，宋鑫从不为难自己。

　　大学是个太自由的存在，宋鑫简直如鱼得水。进大学的必修课不是成绩和考级，而是谈恋爱。宋鑫在进入大学第一周就恋爱了。这速度让林琳笑出泪来。

　　"你这么急，是不是故意成为第一人制造宣传效果？改天带她来见我啊，我给你们摆宴庆贺。"林琳的声音听起来比宋鑫还高兴。

　　宋鑫的这段恋情很快就结束了，因为这姑娘的公主病让他很不适应。之后，宋鑫又接连有过两个女朋友，却都无疾而终。

　　大学毕业时，宋鑫想去上海谋职，林琳想都没想，第二天一早就提着手提箱来找宋鑫，说也要去上海，一起搭个伴。其实她的执念大家都知道，大概只有宋鑫不知道。也许但凡暗恋都是被暗恋的人最后一个知道。

　　林琳一直想结束这暗恋的命运，在这个时候终于是合适的时候了。林琳盛装去向宋鑫表白。

　　可是未料，宋鑫吓得抱了抱肩膀，然后伸出手摸了摸林琳的额头说："你没疯吧？我们？怎么可能？你怎么想出来的？今天愚人节？哈哈。"

林琳的心终于跌落进深海。

宋鑫的爱情千回百转，几乎和几个前女友又都和好相处了一遍，最后宣布，要和第一个女友结婚了。

## 3

林琳一向侠肝义胆，结婚这么盛大的仪式一生只有一次，毕竟和宋鑫做了那么多年的朋友，她自然是全力帮忙。他们结婚的那一天，林琳时不时帮新娘补妆，这是宋鑫最重要的日子，她希望他能有个完美的婚礼，不含一丝瑕疵，没有一丝遗憾。

看着新娘千娇百媚，明艳动人，看着宋鑫满脸幸福和沉醉，林琳灿然一笑，她也没有任何遗憾了。

从此，山高水阔，各有春秋。

纵然心痛，那些曾经也不过是她一个人的曾经，他的世界很大，却从未能容下她。

昨日已死，今日方生。林琳删了宋鑫的手机号码、微博和微信，就此别过，踏上另一段人生征程。

林琳断然辞去了工作，离开上海，来到北京我的身边，我当然欢迎，小女子娇小却能量巨大，我坚信，她度过阴霾期便会散发太阳一样的光辉，我会顺便借点光芒，多点前行的力量。

即便她在阴霾期，也很少抱怨，只是积极地感受丽江的气息。她不停地拍照，写旅行杂记。已经两年多，她一直在一家旅游网站写日记，就在我们在丽江的第三天，网站发来诚恳的邀请函，希望她能认真考虑做专栏作者。林琳一小时后接受了邀请，正式成为一名专栏作者。

## 4

日光倾城。蓝天，白云，雪山，多情的丽江如梦中天堂，给人们无数憧憬和梦想。

林琳的镜头里，我看到了蓄势待发的活力和希望。

我们去丽江是寻找远方，而阿瑟就身处远方，却从未离开过自己的世界。

其实说到底，我们的远方在心间。

梦想有多大，舞台便有多大。

没有梦想，也便没有了远方。

而梦想，诗和远方，从来都属于有勇气的人。

我们无法定义生命的缺失，很多你拥有的正是别人梦想得到的，无论是爱情还是人生。你弃之如敝屣的，恰恰别人视若珍宝，其实幸福就在一念之间。

# 纵然岁月多风雨，
## 几多欢喜共期许

*1*

他并不是一个迷恋音乐的人，忽然有一天迷恋上了音乐，对陈奕迅由路人转粉，只因为偶然间听到了他的那句歌词"被偏爱的都有恃无恐"。据说，第一次听到这句歌词，他哭了。

铮铮铁骨荡然无存，就在刹那间。

18岁的夏天，当所有同学都在教室里紧张地迎接即将到来的高考时，吴启明坐在没有空调的房间里，满头是汗，冥思苦想，酝酿一封长长的情书给秦妍。

这不是一封简单的情书，这薄薄的信笺包含三年的情深意长，堪比生命不能承受之重，所以，每个字都要斟酌再斟酌。估计马尔克斯当年写《百年孤独》都没这么认真过。

当然是要描述下第一次的怦然心动，还要总结一下三年来自己对小主的无上敬仰和喜欢。好不容易洋洋洒洒写了三页纸，却又觉得字数远远没有达到如期目标。字数当然是跟诚意成正比的，那一刻他想，如果自己能写一本像《百年孤独》那样的巨著，大概也就诚意自见了。可惜，暂时只能凑合了。写完之后，他又觉得自己的语言太过苍白，太过幼稚，所以又去摘抄了徐志摩和席慕蓉的诗句，如此，才可以作为一封标准的情书送给亲爱的秦妍过目。

其实，他在背地里已经叫过无数次亲爱的了，希望这次，秦妍能变成真正的亲爱的。

遗憾的是，这封承载着三年情意的情书丝毫没有打动秦妍，她只是笑笑："吴启明，我们不在一个城市，没有未来。"

吴启明愣在那里，明明是偷偷跟她报考了同一个城市，怎么会不在一个城市？

原来，秦妍在最后的刹那修改了志愿，所以她的未来在上海，离吴启明的浙江远隔山海。

"可是距离也不是问题啊！"吴启明说，"秦妍，你到底看没看我的情书啊？那里边的点点滴滴，我真是喜欢你啊！"

有多喜欢呢？

秦妍的书桌里永远有几颗巧克力，虽然她总嚷嚷要减肥，可是吴启明知道，那都是违心的话，她最爱吃的是怡口莲，每次看见书桌里突然而至的巧克力都垂涎欲滴，纠结好久，最后还是忍不住吃掉。每次她吃的时候，有个少年都在她身后不远的地方看着她的侧影偷笑。每逢秦妍值日，早上她去的时候，都会发现教室整洁一新。看她一脸惊讶的样子，有个少年在欣慰地暗笑。在长长的假日，秦妍会和那个少年巧遇。

能想出来的吴启明都做过，可是仍然没能获得她的芳心。

"对不起，我喜欢的是孙孟达。"

原来他的女神也未能免俗，喜欢的是霸道总裁。

孙孟达家世极佳，能言善辩，完全是小说里霸道总裁的代言人，而他吴启明，出身寒门，不善辞令。

他懂了，他三年的情深意长比不上孙孟达的妙语连珠，哪怕孙孟达是学渣，他还是输掉了爱情。

可是在照毕业照的时候，吴启明还是偷偷和别的同学换了位置，站在秦妍的身后。这张照片，吴启明上大学的时候一直放在书架上，他还是不能忘记秦妍那双大眼睛。

他也曾给秦妍打过电话，在QQ上给她发过消息，可是他的话大概太过平淡，丝毫没能打动秦妍的芳心。

2013年，他偶然间听到陈奕迅的那首《红玫瑰》，听到那句"被爱的都有恃无恐"忽然就落泪了。

## 2

吴启明以为从此红玫瑰便已刻在心上，成了朱砂痣，大概永远要痛下去，永远也清除不掉，直到他遇到了另一个姑娘。

2014 年秋，吴启明大四毕业在即，创办了自己的公众号，发的文章无非是写写现实，发发牢骚。却没料到，他平时看起来如此木讷笨拙的一个人，文章却处处闪着智慧之光。他的公众号居然受到很多读者的欢迎，这其中便有那位后来和他相爱的姑娘。

一天深夜，吴启明正在做公众号，在后台发现了几个新粉丝，其中一个女生的头像很可爱，一会儿，他做完公众号，预览后，刷新了一下，却发现这个可爱的粉丝不见了，他想了一下，取消关注也是很正常的，毕竟公众号铺天盖地，读者选择范围无限大。他准备发文之前，最后又刷新了一遍，发现那可爱的头像又出现了！

那就是说，这女孩又关注了他的公众号。

他于是坐在那里等了一会儿，又刷新，可爱的头像又没了，以为这是最终结果了，没料到，他睡前又好奇地去刷新，结果，那可爱的头像又出来了！

吴启明哈哈大笑，这女孩一会儿关注，一会儿又取消关注，这是在玩什么？

第二天，吴启明居然在学校文艺部的微信群里发现了这个可爱的头像，原来这女孩是他下两届学妹陈欢颜，那一晚，他似乎有些失眠。

第二天一大早，他便截住陈欢颜的去路："欢颜，你关注我的号了是吗？你是不是喜欢我？"

陈欢颜脸色绯红，瞪起眼睛，凶巴巴地说："关注你就是喜欢你？我关注几百个号，喜欢几百个人？"

陈欢颜扭头就走，吴启明愣在那里，又说了一句蠢话："欢迎喜欢哈！"

从此，陈欢颜见到吴启明掉头就走，吴启明不知哪根神经被激发，见到陈欢颜就猛追，像个甩不掉的尾巴，跟在后面讨好，可是每句话都说错，之后又不停地弥补。

后来，吴启明在一篇文章中写道，自己没有值得炫耀的家世，自己的成长和情感都很坎坷，引起很多读者共鸣。那一晚，吴启明在后台看到了陈欢颜的留言。

女孩很倔强，只寥寥数语："你要感谢逆境，它赐予你奋起的力量。你也要感谢那个嫌弃你的女孩，否则，真正爱你的怎会到来？"

这简短的留言，却在吴启明心中掀起巨大波澜。

他犹豫良久，鼓足勇气给陈欢颜发了微信："真正爱我的那个女孩会是你吗？"

"你猜。"

临睡前，吴启明终于收到她的回复。他立刻跑到陈欢颜的宿舍找到她，紧紧拥抱她，红了眼眶。

陈欢颜是个坏脾气的姑娘，却有颗柔软的心，乐观而幽默，豁达而爽朗。这个姑娘，让吴启明有了对生命的热望。

几年后的今天，他们一起在做自媒体，粉丝近百万，已经获得 A 轮投资，影响力不断扩大。

## 3

2016 年春节，吴启明带陈欢颜回老家，偶遇秦妍，秦妍并没能嫁给霸道总裁，霸道总裁喜欢上了一个平面模特儿。

秦妍表情复杂地对陈欢颜说："没想到吴启明这么厉害，当年我都没发现，你这么好的运气。"

陈欢颜笑笑说："在你眼里，他不名一文；可在我眼里，他是珍宝。他没有很好的家世，可是他有奋斗的勇气；他不善辞令，可是他有颗爱我的真诚的心，对我来说，这比什么都重要。"

最近，一则超过 3 亿点击的视频短片引起了我的关注。

一个外国小男孩坐在溪水旁的台阶上，引来一片嘲笑。嘲笑的是他的鞋子，那是一双极其破旧的鞋子，前面已经开口，脚趾头在里面尴尬地藏着，其实根本无处可藏。他沮丧地走到一个长凳前，那里已经坐着一个男孩，优雅而绅士，最重要的是，他穿着一双崭新的漂亮的鞋子。那男孩冲他微笑，善意地示意他坐下来，可是他鞋子闪耀的光泽刺痛了他的眼睛，他跑远了。他脱下那双令自己觉得耻辱的鞋子，对它们说，这不公平。

几分钟后，他变成了那个拥有漂亮鞋子的男孩，一位阿姨推着轮椅走过来，对他说："我们去玩吧。"这一刻，他拥有了漂亮的鞋子，却已经失去了奔跑的能力，失去了自由。

我们无法定义生命的缺失，很多你拥有的正是别人梦想得到的，无论是爱情还是人生。你弃之如敝屣的，恰恰别人视若珍宝，其实幸福就在一念之间。

想从落日借明天，寻一个天长地久的相遇，纵然岁月多风雨，几多欢喜共期许。

时光匆匆，且行且珍惜。

她坚韧、执着、从未放弃自己。那么，在天涯的另一端，总会有人在翘首企盼和她相遇，将她安放在他的天长地久里，与她共经风雨，终会将她冰封的心门缓缓开启。

# 今夕何夕，
## 与你不期而遇

*1*

12个星座中，处女座是最让人头疼的星座。看似波澜不惊，实则极度缺乏安全感，胆小敏感而躁动，极端完美主义者……因为这些典型特征，处女座的口碑一直不佳。

谭芷涵也很讨厌处女座这些特质，尽管她自己也是处女座，她甚至不喜欢自己的全部。因为，她是个被遗弃的孩子。

芷涵的身世多少有点复杂。她的爸爸在她出生前本来有个结发妻子陆知晓，之后又爱上了芷涵的妈妈，生下了她。

换句话说，她的妈妈拆散了别人的家庭，抢了别人的丈夫，才生下她。芷涵就这么不光彩地出生在这个世上，还没懂事，妈妈去世，她又被这个不争气的爸爸塞给了陆知晓，她的爸爸就不知了去向。

所以芷涵常常感恩陆知晓把她收留，尽管陆知晓也只是把她当宠物一样地养大，而她从来也没当面叫陆知晓一声妈。毕竟，陆知晓没有任何义务收留和供养一个带着背叛标签的孩子。

谭芷涵并不像真正的宠物那样被精养长大，她顶多像只散养的猫，懒散而乖张，倒是早早地就学会看眼色。因为这个扮演她妈妈角色的陆知晓在她看来有些时候比她还任性，像个没长大的孩子。

两个人相依为命，芷涵渐渐长大，越发出落得漂亮，像她的亲生妈妈。相像不只限于长相，性格也很像，尤其是成熟得要比同龄人早，很早就懂得了爱情，并且还很热烈。

年少的时候，芷涵喜欢上了对面楼的男孩江南。她经常锁起房间的门，拿望远镜看对面江南的动态。对面正对着江南的书房，江南会长久地伏在桌上做作业，之后，他的妈妈会蹑手蹑脚地走进来给他送水果，然后再蹑手蹑脚地走出去。芷涵经常一边吃着零食一边举着望远镜，一边还哼着歌，江南的一举一动都在他的监视之下。陆知晓敲门问她在房间里这么久在做什么，她便飞快地藏起望远镜，然后若无其事地打开门，满脸困惑地说："我在学习啊！"她当然不能让清高的陆知晓知道她在干什么，这种偷窥，会为她所不齿，会被她骂死。

看到江南穿上外套，便知道他要下楼出来了，芷涵匆忙拿着语文课本出来偶遇。她会在他已经快到身边的时候，念起那句"日出江花红胜火，春来江水绿如蓝，能不忆江南"！她还特意把最后的"忆江南"三个字念得格外深情和高亢。看到江南涨红着脸从她身旁逃走，芷涵在后边咯咯笑个不停。

年少时的深情总会刻骨铭心，遗憾的是江南后来随父母去了新疆。临别前，芷涵给江南买了礼物，是个带锁的日记本。江南看起来对芷涵有些不舍，收下了那个日记本。可是第二天，江南就把日记本又给芷涵送了回来，芷涵诧异地看着他，他红着脸说："我妈不让我收你的礼物。"

"为什么？"

"你家……"

芷涵看着江南跑远的身影突然开始憎恶自己。她明白了，因为她太复杂了，复杂到跟别人讲不清自己的来历，而哪个母亲会愿意接纳一个如此复杂的女孩子？

初恋就这样惨淡地告终，芷涵那时候觉得天空都没了颜色。

## *2*

大学的时候，芷涵谈了两段恋爱。第一段恋爱的男主角是隔壁班级的学长 W 君，W 君从芷涵入学就开始了疯狂追求。芷涵当时还在江南的阴影中，有些自卑，和任何人都拉远距离。可是 W 君攻势猛烈，又很执着，终于在几个月后，芷涵坐上了他的单车后边的宝座。芷涵开始全身心地投入这场爱恋，可是没多久，W 君却声泪俱下地提出分手，原因是，实在受不了芷涵的处女座脾气。

芷涵冷笑着问 W 君："你在玩游戏吗？你什么智商？你认识我的时候我就是处女座，受不了还招惹我？你吃错药了吧？"

大三的时候，芷涵爱上了 L 君的艺术范，L 君爱上了芷涵的女王范。两个人一度成为学校最甜蜜的情侣。大学毕业，L 君去了美国，临别的时候，悲戚地央求芷涵一定要等他回来娶她，可是还不到半年，他在美国订婚了，未婚妻是个美籍华人。而芷涵后来才知道，他背地里没少跟朋友吐槽她的处女座。

大学毕业之后，芷涵做了一家报社的记者，同时步入大龄剩女的行列。陆知晓经常给她安排相亲，芷涵问她："你这么着急把我嫁出去，是不是欠了巨款？"陆知晓咬着牙，扬起巴掌，作势要打她，她仍像小时候一样敏捷地逃远。

## 3

2012年秋，芷涵和同伴小F一同去了温哥华采访一位金融界名人X先生，因为要等X先生的档期，所以芷涵和小F需要在温哥华停留10天左右。离约定的时间还早，小F便先去了多伦多看望同学，只留芷涵一个人在温哥华。没料到，第二天早上芷涵就开始牙疼，半边脸都肿了起来。芷涵急急忙忙到附近找了一家药店，打手势买了一盒止痛药，吃过之后，不见好转，到了下午，芷涵甚至觉得呼吸困难。她想找家医院，可是很明智地预见到，自己那拙劣的英文实在是无法跟医生沟通。这时候，她才想起好好学英文是多么重要的一件事。偏偏英文好的小F又跑去一个人狂欢了，难不成是早已蓄谋好了看她的笑话？

芷涵咬牙切齿地给小F打电话求救，小F觉得问题有些严重，请她的同学在华人区给芷涵找了个牙医，牙医亲自开车来接芷涵去诊所看牙。

牙医名叫杨丹青，敲门的时候，芷涵正疼得号啕大哭。她一边哭一边开了门，杨丹青很不耐烦地说："芷涵是吗？快点，我赶时间。"说完，就先下了楼。已经被牙疼折磨得面目全非的芷涵使劲瞪了他一眼，心想：果然医生都凶狠，看来我难逃被宰割的命运。

一路无话，也说不出话来。

到了诊所，四周空荡荡的，居然只有他们两个人，原来这天诊所休息，杨丹青是看在朋友面子上才在休息日专门出的诊。芷涵乖乖地听杨丹青吩咐，在诊床上躺下来，闭上眼睛，只听见他拿着冰冷的器具在她的口腔里敲来敲去，还有那尖锐的钻牙的声音让人恐惧得要窒息。

好不容易他停下来，芷涵已经浑身冰冷。

芷涵问杨丹青，什么时候才能消肿，她还要采访，肿成这样会影响形象。杨丹青看着她忽然笑了，说："你的牙好白，不过你还得再来两次才能完全修好。"

晚上，下起雨来，芷涵牙又疼起来，并且开始发烧。她给小F打电话："你个该死的，你什么时候回来？我要死翘翘了。"半个小时后，杨丹青又不耐烦地出现在她家门前。芷涵迷迷糊糊开了门，说："怎么又是你啊？"之后便晕了过去。

芷涵醒来的时候，已经是在医院里输液，一双深沉的大眼睛皱着眉头正看着她，似乎在怒她不争。芷涵又说："怎么又是你呀？"杨丹青没说话，只是给她盖好被子。

芷涵又去杨丹青那儿修了两次牙，在离开温哥华的那天，杨丹青一大早忽然又来了，不容置疑地说："芷涵，你那颗牙问题很严重，必须在一个月后过来复查。"芷涵一边装东西一边说："我哪来的时间说来就来？下个月我都不知道自己会在哪儿。"杨丹青抓住她的胳膊，沉默了一会儿说："那我去给你治。"

杨丹青没有食言，一个月后，他真的回国来找芷涵。半年后，他离开温哥华，回到国内开了诊所。不知为何，这个坚强的女孩时时撕扯他的心，让他心底泛起无边的疼痛，她号啕大哭的样子在他脑海里一直挥之不去，表面蛮横，其实胆小又无助，她实在是需要一个人照顾，而他，愿意照顾她一生一世。

　　她像一株被遗弃的草孤独而卑微地长大，从未得到太阳的照耀，曾飞蛾扑火般向往温暖，她会被嫌弃，会不讨喜，可是她坚韧、执着，从未放弃自己。那么，在天涯的另一端，总会有人在翘首企盼和她相遇，将她安放在他的天长地久里，与她共经风雨，终会将她冰封的心门缓缓开启。

> 我爱你，
> 不光因为你的样子，
> 还因为，
> 和你在一起时，
> 我的样子。
> 我爱你，
> 不光因为你为我而做的事，
> 还因为，
> 为了你，
> 我能做成的事。

我爱你，

因为你能唤出，

我最真的那部分。

我爱你，

因为你穿越我心灵的旷野，

如同阳光穿透水晶般容易，

我的傻气，

我的弱点，

在你的目光里几乎不存在。

而我心里最美丽的地方，

却被你的光芒照得通亮，

别人都不曾费心走那么远，

别人都觉得寻找太麻烦，

所以没人发现过我的魅力，

所以没人到过这里。

——罗伊·克里夫特《爱》

做好自己，无须让全世界都喜欢。你可以为自己而骄傲。无论是指鹿为马的故事，还是混淆是非的迷局，不过是可笑的舞台剧，笑傲江湖，鹏程万里。

# 你可以为自己而骄傲

## 1

从 2016 年 6 月开始，我就一直在期待一套新的微信表情包。就在昨天，七夕之日，这套表情包终于获得专利，荣登微信。

之所以如此期待，是因为，这套表情包和她的设计者央央一样特别。

"很抱歉，我没能长成你们希望的样子。"这是央央长大之后想对父母说的话，但是她还想说下半句"可是我很快乐"。

从科学理论上讲，我们大多数人在成长过程中会有三个叛逆期，除去小时候的两个叛逆期，第三个叛逆期便是 13 岁到 18 岁的青春期。可是央央的叛逆期尤为漫长，似乎从第一个到第三个从来就没间断过，并且还绵延下去，比别人多了好多年。

说起来，央央似乎是个懒惰散漫的女孩。

央央的妈妈是舞蹈演员，相信央央拥有强大的遗传基因，必然会有舞蹈天分，从她出生，便期待着她成为未来中国的芭蕾女神乌兰诺娃，或者成为中国第二个杨丽萍。可是未料，央央从小就很抗拒学舞蹈这件事，因为她亲眼所见旁边的男孩练功时会被老师骑坐在身上强力施压，她也害怕下腰的时候会被老师使劲按压，身体的疼痛远比不过心里的恐惧。所以央央似乎从小就打定主意远离她妈妈炫目的舞台生涯。

因为一直在艺术界，天时地利，央央妈妈很希望带她走上星光大道，因此从小便让她学过很多东西，比如表演，比如钢琴，比如古筝，比如架子鼓、萨克斯、吉他、围棋，可是每一样央央都只学了很短的时间便失去兴趣，总是抗拒，坚持不下来，最后放弃。

长大之后，也是如此。

假期的时候，和朋友去学游泳，坚持没到一个月，朋友去旅游了，她也不去了。有一段时间，信誓旦旦要去健身，办了健身房的年卡，仍然坚持不到两个月便不再去了，后来过了很久，央央才发现那家健身房已经搬迁，年卡无处退还。

细数起来，从小到大，央央没做过一件靠谱的事，她妈妈怀揣一颗希望之心，随着央央一路成长，她一路飙泪，那颗玻璃心真是碎成粉末。

## 2

说起来，大概央央唯一坚持到底的事便是看动漫。

央央的父母一直反对她学画画，因为她先天近视，大概是遗传了她爸爸的基因。央央的妈妈对她画画这件事控制得很严格，不给她买画笔，不给她买画册，可是她还是想办法背着妈妈用零花钱买画册和画笔，偷偷去画，偷偷看动画片，长大之后，甚至在课堂上开小差看动漫画报，那些动漫人物实在让她着迷。

因为上课偷看动漫画报这件事，她还被老师罚抄写课文和做值日，可是受责罚的一点难过跟看到动漫画报的满足比起来，真是很微小的一件事。

央央的这个坏习惯曾经让老师非常恼火，因为屡禁不止。

央央高考成绩不太理想，只考上了一个二本大学的管理学系。央央的妈妈彻底失望，枉费自己一番苦心，女儿此生不仅与艺术无缘，而且前途都不明朗。

可是央央很快乐，她一直憧憬将来做动漫设计，考上大学那一刻起，她终于可以离开父母的视线，自由去奔赴她的动漫世界。

## *3*

让央央很兴奋的是，原来大学里很多人都喜欢动漫，因为都对宫崎骏无比崇拜，央央很快就在班级里有了闺密飒飒，动漫是她们永远说不完的话题，两个人甚至聊动漫能聊到天亮。可是飒飒和央央不同，她只是喜欢看，而对于央央说的，要去做动漫设计，觉得那不过是幻想，根本不可能，因为她都没有受过专门的美术专业教育。

央央没有料到，她的爱情很快便来了。

是因为学校举办了一场漫画大赛，央央废寝忘食，花了两个星期完成了一幅画作，当然在此过程中，飒飒一直是在泼冷水："你怎么能跟那些专业的比呢？要知道人家都是从小学起的，有的都是得到知名大师真传的，画的都是名作，你这就是自己原创，如何能比得过呢？还是算了吧！别做最后一名，多没面子！"

可是央央不怕，她想试试。于是，她的画作便出现在那个画展上，于是，那个叫程斌的计算机系才子和她不期而遇。

央央的这幅画并没得到奖项，却引起了程斌的极大兴趣。因为显而易见，这幅画的作者的思维天马行空，完全不同于其他作者。于是程斌很快就和央央有了偶遇，再邂逅，继而常常见面和每天约会。

于是，央央听到了飒飒的劝告："知道程斌是什么来头吗？家世极好，高干加高知，将来要去国外发展的，他是不可能真的爱上你的，因为你们相差太多了，像他这么优秀的人，不是我们这样的人能驾驭的，所以你还是别浪费感情了。"

央央不打算听劝，因为与生俱来的叛逆。

每到节日，飒飒就会说："哎呀，你看程斌给你买的礼物不够贵重啊！你知道，他家世那么好，买个贵重礼物对他来说就是九牛一毛啊！就这么个礼物，说明他还不够爱你，你还是算了吧。"

可是在不久之后的一天，央央一个人在宿舍，去飒飒的书架上找一本书，无意间看到她塞在书里的一张信笺飘落在地上。央央拾起来一看，是一封字迹工整的表白信，称呼是：亲爱的程斌。

央央觉得脑子晕了好一会儿，之后便回想起来，每次程斌来到宿舍，飒飒都会表现出特别的温柔，表现出对他多么好。

## 4

程斌不仅喜欢动漫，还是游戏高手。央央于是有一天突发奇想，创作了几个游戏玩偶形象。程斌赞不绝口，觉得这个玩偶不应该只存在于画板上，而是应该让它真正诞生。辗转找了几个电玩商家，终于找到一个商家对玩偶的创意特别感兴趣，准备进行小规模的试用投产。因为存在市场风险，所以最终投入生产的只有 200 件，大都作为餐饮业的礼品赠送，可是央央和程斌赚到了人生第一桶金，彼时他们才刚刚大三结束。

这件事无疑给央央以巨大鼓舞，她恍惚觉得，动漫世界的大门已经向她缓缓开启。

飒飒仍然每天给央央吹冷风，比如，"程斌对你就是猎奇而已，因为你的脑洞比较大，他没见过，等过了新鲜期，还是会喜欢像 Anglebaby 那种漂亮女生。"还有，"你做的那个动漫设计啊，实在挺离谱的，你想啊，你都没学过美术专业，这一次玩偶的事不过是一时运气而已。哪有那么多好运气？都快毕业了，还是踏踏实实地回老家，赶快找个跟专业对口的工作吧。大学的恋爱十有八九都是不成功的，你还是清醒点，回老家再恋爱吧！我都是好心才跟你说这些，要是别人，我都懒得说一个字！"

央央只是一笑而过。

毕业的时候，央央并没有听飒飒的回老家，而是跟程斌都留在了 L 城，好笑的是飒飒也留在了 L 城，没有回老家。

飒飒很快找到一个对口的单位，住进了单身宿舍。央央没有找到对口的单位，在奔波了两个多月之后，在一家广告公司就职。公司没有单身宿舍，只好自己租房。为了节省房租，央央在郊区跟人合租了公寓，每天早上要早起，坐地铁要近一个小时才能到公司。

飒飒对单身宿舍的条件很不满意，连基本的空调都没有，正值盛夏，热得甚至不能入睡。

飒飒很快也有了男朋友，是单位的同事。大概是因为两个人对单身待遇的共同吐槽，都对现状不满，都怨气冲天，所以聊得欢畅。可是男同事很快便提出分手，飒飒百思不得其解，明明不久前还觉得情投意合，怎么突然之间男友就离她而去。

她还不懂得，没有人愿意长久地和负能量的人在一起，起初看似有共同语言，可是渐渐就会心生厌恶，自然很快便分手了。

而央央，思想纯粹，朝气蓬勃，生活积极健康，虽然状况并不好，却总是乐观进取，斗志昂扬，程斌从她身上得到的是对人生的热忱和向往。程斌并没有如飒飒预料般出国，也没有离央央而去，而是，很快两个人就订了婚。

就在一个月前，程斌和央央成立了一个动漫工作室，央央的第一个作品便是这套微信表情包。

七夕之日，这套表情包荣登微信，成为他们彼此这个节日最大的礼物。

## 5

人的一生可以放弃很多东西，可是一直戒不掉的，最终不能放弃的，那便是执着与热爱。

动漫之于央央，便是最大的热爱。

对于父母，她一直很抱歉，没能成为大明星，没有成为他们希望的那样。可是她有自己的信仰和世界，这是最大的人生财富。

当然，在人生路上，总会有很多挫折和打击，打击来自方方面面，甚至有可能是关系很亲近的人。可是这世界上就是有很多人，披着伪善的面具，巴不得你跟他一样停住脚步，不能比他强一点点。那层薄薄的热心和好意终究会被事实的真相戳破，那是善意掩藏下的赤裸裸的打击和好心包裹下的嫉妒仇视心理。

对于这些，只要认清真相，可以直接无视。

仍然是那句话，做好自己，无须让全世界都喜欢。

你可以为自己而骄傲。

无论是指鹿为马的故事，还是混淆是非的迷局，不过是可笑的舞台剧，笑傲江湖，鹏程万里。

他在山之巅，她在深谷底，他曾在她无法触及的距离，她只能仰望他如神祇，他的世界人潮拥挤。踏过千沟万壑，她终于与他比肩而立，她的不凡，已然升华。这是世界上最美的际遇。

# 纵然艰辛万千，
## 我终于与你比肩

### *1*

2013年8月，纯子坐在香港红馆观看Eason's Life陈奕迅演唱会，当他深情地唱起那首《每一个明天》时，纯子立刻就哭了。

这首歌曾经伴随她很多年。确切地说，是那句"令我不普通变得坚毅无忌，幕后有一个最大原因因为你。每望向将来都找到你，我所梦我所期全部喝彩因你起"伴随了纯子很多年。

年少的时候，我们都会暗恋过一个离自己很遥远的人，近在咫尺，却无法企及。能够把这份爱恋最终进行到底的却寥寥无几。这隐秘的爱恋只是天知地知一个人知，大多会被掩于岁月，依稀淡薄。可是纯子是那个例外，她年少的时候爱上那个男孩，自始至终没有变过。

纯子和高翔结识于高中二年级。高二的时候，开始分文理科，纯子是为数不多的选择理科的女生之一。选择理科是要有资本的，通常都是学习成绩优秀，足够聪明的学生才会选。而纯子选理科并不是因为成绩优秀或者足够聪明，而是因为她的家里不能给她任何建设性的意见，她自己也不知道怎样选择，最后只好抛硬币来决定，这个抛硬币的结果是选理科，所以她就毫无顾忌地选了理科，并且和高翔成为同桌。后来，她一直认为，这是冥冥之中的天意，否则，她的人生中就不会有高翔这个名字，也就不会有后来的苦辣酸甜，凡此种种。

高翔是全校闻名的优等生，校三好学生，高中时代就已经个子高挑，举止文雅，脸上总是挂着恬静的微笑。可是他的微笑纯子却不敢看，因为那笑容太灿烂，有种不着痕迹的优越和贵族气息，让她感到极大的压迫感。想想自己，一个误打误撞进了理科班，成绩中等，长相平庸的女生有什么资格跟男神同桌？班里好几个学习成绩比她好的漂亮女生都争相走近高翔，当然，都把她视为"眼中钉"，每次来到高翔这里，离开的时候都会有意无意地给纯子一个冷眼。那些冷眼让纯子觉得发抖，她很有自知之明地守着本分，和高翔保持着安全距离，不跟他多说一句话，不多问他一道数学题。

可是她每天都要写日记，写只有她自己能懂的只言片语。高翔这两个字在这里可以堂而皇之地出现，她可以把纯子和高翔这两个名字写在一起。

2

高中毕业的时候，高翔自然选择的都是最好的学校，纯子没有抱太大希望能考到好学校，但是第一志愿还是报了一所一流的大学想试试。她的录取通知书是一位女同学送来的，这位女同学说的第一句话是："恭喜你，居然和高翔考上了同一所大学。"之后，女同学把通知书塞到她的手里，羡慕嫉妒恨地走远。纯子拿着通知书站在门口愣了很久才打开，到底是哪个学校这么有爱心，居然将高翔和她同时收了去。

大学入学第一天，纯子就见到了高翔。当时纯子正一个人背着行李，两手提着重重的袋子，步履艰难地往宿舍楼走，就听见后边一个熟悉的声音喊："嘿，纯子，你在哪个宿舍啊？我来帮你吧！"纯子刚回头，就看见一辆豪华轿车停在她的身旁，高翔打开车门跳下来，要解下她背上的行李。纯子有些惊喜，正要开口，却一眼瞥见车里射来一束不屑的目光，那是一个雍容华贵的女人，一定是高翔的妈妈。纯子见她上下打量自己，顿觉寒意四起，便拨开了高翔的手："不用了，我自己来，谢谢！"纯子说完，快步离去，只留高翔站在那里。之后，纯子便听见那个女人的声音："儿子，快点上来，一会儿妈妈还有事。"车子从纯子的身旁闪电般开过，纯子原本雀跃的心突然落到了谷底。

纯子和高翔并没考入同一个系，可是即便不在一个系，高翔的事情纯子也知道，因为他太优秀了，光华无法隐藏，一入学便成了新生的焦点和女生们追捧的偶像。光在操场上，纯子就见过好几个女孩追着高翔亲热地说话。可是纯子一直躲着高翔，直到有一天躲不掉了。

## 3

那是个深秋的大风天，天空混沌一片，落叶铺天盖地，大周末的，却搞得人做什么都没了兴致。高翔本来想回家，也因为这天气没了情绪。宿舍里的大师兄提议买点烤串、啤酒，几个人喝一杯，偏巧楼里的快餐部还没到开放时间。于是大师兄打了电话给代购小姐，噼里啪啦交代完，几个人开始一边在宿舍等，一边玩扑克。高翔之前只听说国外的商品有代购，还没听说校园里居然也有人代购，就问了一句。大师兄一边甩扑克一边说："是啊，一直就有个女生做代购啊！哎呀，对了，你应该认识，她是你校友啊，叫纯子。"

"你说什么？"高翔听完，穿上外套就跑了出去。风声呼啸，路上的电线被刮得摇摇晃晃，走路都很艰难，他逆着风，向那个烤吧的方向走去，在路上遇到了纯子。女孩身形单薄，提着一袋子烤串和啤酒，若不是啤酒有些重量，或许她都会被大风卷走。高翔那一瞬间不知道为什么就怒火中烧："你白痴吗？这么大风天出来，容易出事的，知不知道？"纯子顿住脚步，艰难地说："好巧，你是去买东西？"

风吹得甚至睁不开眼睛，高翔放低了声音说："以后这种天气不要出来了，听见没？"高翔接过纯子手里的东西，揽着她的肩膀，直到走进宿舍楼。走进宿舍楼，纯子就开始揉眼睛，高翔说："我就说这种天气你不能出来，瞧，沙子迷了眼睛吧？我带你去医院吧！"纯子匆忙摆手说："不要了，没事的，我先回去了，一会儿就好了。"她匆匆忙忙就跑远了。

纯子后来一直记得那个大风天，记得那个大风天高翔给她的温暖和她悄悄落下的泪。高翔当然不知道，纯子原本不富裕的家境从她上大学便一落千丈，她从入学开始便给同学做代购，帮他们在附近买东西，赚微薄的辛苦钱。除此之外，她还在周末替一家保险公司做推销，按单提成。

## 4

纯子喜欢这种恶劣的天气，因为这时候她会有很多代购单，那些养尊处优的同学，大多不会吃一点点苦，而刚好成全了她。所以，大风天没什么，大雨天没什么，大雪天也没什么，只要她还能继续在这里念大学，能遥遥地望着高翔，再苦都没关系。她不确定高翔是不是喜欢她，那个大风天的温暖，或许只是他同情心泛滥，可是，这一刻足够暖她一生。

大学毕业前，高翔对纯子说："跟我走吧，纯子，我很爱你。"纯子沉默了很久，哭着说："对不起，现在我还没有能力拥有你，我想让你看到一个优秀的纯子。"

纯子没有食言，几年之后，站在高翔面前的纯子已经是广告界的资深策划，高翔的公司重金请来纯子合作，协议一签就是10年。高翔的妈妈有一天问儿子："你就那么笃定这个策划能给公司带来利润？这时间是不是签得太长了啊？"高翔笑笑说："这还不够，我要签她一辈子。"

当年高翔妈妈那个不屑的目光，纯子便深深地懂得，在自己足够优秀之前，她是不能真正拥有高翔的爱的。她感谢曾经的凄风冷雨，感谢曾经的冷眼和冷遇，逼着她不停地跋涉和奔跑。

他在山之巅，她在深谷底，他曾在她无法触及的距离，她只能仰望他如神祇，他的世界人潮拥挤。踏过千沟万壑，她终于与他比肩而立，她的不凡，已然升华。这是世界上最美的际遇。

哪怕开始倒计时，生命仍然要燃烧。生命很昂贵，岁月莫蹉跎。心怀彩虹，邂逅荣光，没有来日方长，想想梦想的模样。努力就从今日始，勿将青春付成空。

# 没有来日方长，
## 想想你梦想的模样

### 1

2015 年仲夏，楚楚被诊出肿瘤，她握着医生的诊断书，并没有打算躺在医院接受治疗，而是很快飞往美国新奥尔良市，去寻找一块黑板。

这是一块神奇的黑板，她在心底早就将它称为梦想黑板。

她很容易便在新奥尔良市的一个社区找到了那块黑板，确切地说，这不只是一块黑板，而是许多块，遍及新奥尔良市，甚至已经遍及整个世界。

那是一块巨型黑板，被钉在社区的墙上，墙上印着"Before I Die，I want to"，上面写着人们的临终愿望：在我死之前，我想有只猴子；在我死之前，我想学习法语；在我死之前，我想要份真爱。

楚楚站在旁边，看着远处的人走过来，望着黑板，停住脚步，然后认真地写下自己的临终愿望。那个拐着拐的老人的愿望是：死之前，能够再见一面20年前相爱的人。那个年轻女孩的愿望是：能够早点儿谋一份好工作。那个瘦弱的年轻人渴望在死之前可以组建一支山羊皮那样的乐队，全世界巡回演唱。那个中年男人，希望能娶到心爱的姑娘。

他们有人凝视黑板暗自神伤，有人写完面露决绝，还有人释然地大笑。

这块梦想黑板的创始人是一位叫Candy Chang的华裔艺术家，2009年，她失去了一位挚爱的亲人，当他说出自己的临终遗愿的时候，给了她极大的触动，2011年，她在社区那栋废弃房子的一面墙上，钉了一面面巨型黑板，然后开始在墙上印上"Before I Die，I want to"。人们路过的时候，都停下脚步，开始思考，然后在黑板上留下自己的人生痕迹。这块黑板已经遍及整个奥尔良市，遍布六大洲，到达60多个国家，写满了整个世界。

或许只有死亡一步一步地迫近，只有从这些密密麻麻的"临终愿望"中，人们才认真地去思考生命的真正意义。

楚楚认真地写下自己的愿望。她的临终愿望是：认真做一回自己，哪怕我的生命只剩一天。

在新奥尔良机场登机回国前，楚楚给罗森打了个电话："我们分手吧。"

## 2

年仅 26 岁，花样年华，却已身患绝症，无疑让人心痛不已。可是按照正常的逻辑，这个时候，男友不是应该陪伴在她身边吗？或者，如小说戏剧里的情节在生活中再现，善良又高尚的楚楚不希望连累罗森，想让他忘记自己，另寻幸福才斩钉截铁地和他分了手？

可是，事实是另一个版本。

却不是怕连累罗森，而是，楚楚要和以往告别，包括自己，包括罗森，尽管她所剩时日不多。她要找寻一个别样的楚楚。

楚楚和罗森相爱 6 年。6 年后的今天，在自己生命垂危之际，她终于斩断这份情丝，去找寻另一个自己。

楚楚和罗森谈恋爱的时候是大学二年级。这份爱情从一开始就不被看好。罗森生长在南方小镇，有着典型的南方人的精明。楚楚是地道的北方姑娘，明眸善睐，热情而爽快。楚楚在开学第一天纯真无邪的笑容就已经让罗森魂魄飞到十万八千里，罗森对楚楚的热烈追求一度成为 L 大的新闻热搜，楚楚很快坠入情网。

可是他们的恋情遭到楚楚妈妈的反对。因为觉得南北差异很大，楚楚是北方女孩，单纯、没城府，跟南方人在一起要吃亏。楚楚嘻嘻哈哈说："没事，有什么亏可吃的？妈，你是在侮辱我智商啊。"

### 3

毕业之前，学校里很多情侣都各奔前程，楚楚觉得爱情比天大，为了爱情，和罗森去了利于他发展的南方。工作之初，工资微薄，条件艰苦，两个人开始分别在单位附近和别人合租了公寓。楚楚住的是八九个人的大公寓，每个人的私有空间只有一张床，四面拉上布帘，跟大学集体宿舍没什么不同，甚至比大学宿舍条件还要差。

越过大半个中国版图，从北方来到南方，所有的一切都是陌生的，衣食住行，各种不适，连空气都不习惯，刚刚入职，工作压力袭来，对从小到大都是娇生惯养的楚楚来说，无疑是跌入黑暗，楚楚刚毕业那半年经常生病，难免会时常想家，偷偷饮泣，可是她从没后悔过，因为有罗森在身边就好。

楚楚在工作中渐渐感觉到自己知识储备不够，便有了考研的想法。可是罗森说："我还不是研究生，你比我学历高了，将来你会嫌弃我的。"不久，罗森的父母来看望罗森，在晚宴上，他妈妈说："小楚楚，听罗森说你要考研，你看，你本来就漂亮，家世又好，我们家罗森是高攀你，你将来要是再考了研，就会瞧不上罗森了吧？"楚楚说："怎么会呢，阿姨？再说罗森也可以考研啊！现在研究生都普及了。"罗森说："我可考不上，再说现在哪有时间考？工作累得要命，没有时间学习。"

楚楚后来放弃了考研，因为不想因为考研影响他们的感情。

半年之后，楚楚的一个好姐妹生病住院，这位闺密供职于一家媒体，求她帮忙完成一个写了一半的剧本交任务，否则逾期等于违约。楚楚笑着说："我只写过文案，剧本那么高大上的东西怎么写我都不知道，离我太遥远了。"闺密却说："楚楚，我说你行你就行，我从来没看走眼过，文字是相通的，不信我们赌一把。"楚楚奋斗了半个月，帮她交上任务，没想到剧本受到对方大加赞赏。于是，楚楚才意识到，原来自己还有这方面的潜能。

楚楚兴奋地在电话里噼里啪啦地给罗森讲自己写的剧本，讲自己的憧憬，讲自己的收获，讲了20分钟，只听到罗森在电话里很淡然地说："哦，你写的剧本能拍电视剧吗？"楚楚立刻愣在那里，握着手机好久都说不出话来。她突然觉得罗森很陌生，又想起罗森其实一直都是这样冷峻地看着她，只是她从来都没有在意。

可是罗森的一句冷语并没有浇灭楚楚的热情，她真的想写剧本了。她从闺密那里借来很多关于影视剧的专业书籍，看经典的电影，一点一点开始学着写剧本。罗森每次来找她，看见她桌上的书都会不屑地冷哼，楚楚满怀期待地把文稿拿给他看，他随便翻几下便放到桌上说："写吧，大编剧。"然后就转身坐在电脑前玩游戏。

2014年元旦，楚楚埋头伏案写剧本，忘记了时间，到了深夜，肚子抗议，才想起罗森还在另一个房间，立刻跑出去，却发现公寓里只有她自己。楚楚给他打电话："罗森，抱歉啊，我忘记了时间，你在哪里？"电话那端只有烟花爆竹的声音，之后便是嘟嘟声。那一晚，楚楚看着外面的烟花泪如雨注。

楚楚还是放弃了写剧本，因为不想让罗森不高兴。

## 4

渴望去实现一个梦想，却不能付诸行动，这种纠结对谁都是一种折磨。楚楚已不再快乐无忧，她甚至看到了自己无望的未来，朝九晚五，做着大同小异的工作，打发周而复始的时间。而一丁点儿的改变，都被罗森否定，因为他会担心，会忧心忡忡，好像楚楚稍稍偏离一点轨道，便不再是原来的楚楚，也就不在他的掌控中。

可是他却不想做一点点的改变，不想努力一点点。只停留在原地，让楚楚也和他一起站在原地，不要动，纹丝不动。哪怕这世界翻天覆地，他只想与世无争。他说："我只憧憬采菊东篱下的光景。"楚楚泪眼婆娑："好，我陪你。"

直到楚楚被查出肿瘤。

楚楚看到医生诊断书的时候，站在那里痛哭失声，却不是因为害怕死亡，而是，在被宣判死刑前的这二十几年，她还没来得及全力以赴去实现自己最热切的渴望。

她向往上海和北京，因为那里更适合她的专业领域，可是罗森的专业适合在南方发展，于是，她为了成全他，放弃了很多好机会，在这里举步维艰。

她想考研，提高自己的资历和专业积累，为以后的人生做更好的铺垫，可是罗森和家里全都反对，于是她放弃了。

她喜欢上了写剧本，并且有很大潜能，她想为自己的人生多添点色彩，可是罗森的世界里容不下一个编剧，所以她又放弃了。

在她最好的年华，能量满满的时光，却无奈地要每日蹉跎，如今，她的人生已经屈指可数，进入倒计时，她将带着满腹的遗憾离开这个多彩的世界。

所以，楚楚突然醒悟，这不是她要的爱情，更不是她要的人生。

罗森的爱，从头到尾写的不是我爱你，而是只有自私两个字。

## 5

在 2015 年最后一个星期日，她终于一个人登上去新奥尔良的航班，因为听说那里有一块梦想的黑板，无数人在那里写下自己的临终愿望，她想在那里刻下最后的人生轨迹。

站在那黑板前，她才真正感受到生命不能承受之重，当她终于认真写下自己的愿望，她终于决定，在所剩不多的人生里，昂贵的每一分钟每一秒钟，她都要奔向自己的梦想。

那么，对于过去，只有挥手告别。

幸运的是，在2016年第二个星期二，楚楚接到医院的通知，经过再三确诊，她的肿瘤为良性。

所以，楚楚还来得及奔赴最好的人生。

滚滚红尘，风雨兼程。当死亡的号角振聋发聩，我们的内心方能猛醒，去叩问存在的意义。从心出发，奔赴梦想，旌旗猎猎，脚步匆匆。哪怕开始倒计时，生命仍然要燃烧。生命很昂贵，岁月莫蹉跎。

心怀彩虹，邂逅荣光，没有来日方长，想想梦想的模样。努力就从今日始，勿将青春付成空。

# 你当自强，
# 且有光芒

提刀夜行，为梦想风雨兼程
你当自强，且有光芒
世界从来不是桃花源
我从未忘记理想国
岁月峥嵘不言弃
我已亭亭，无忧亦无惧
向阳生长，是你生命的主旋律
留一段成长的时间给自己

辑三

科比虽然退役，一个时代虽然终结，可是另一个崭新的时代正在开启。那个不可一世的，有些狂傲的勇士，愿你永远是人生的勇士。相信你正在为梦想而风雨兼程。

# 提刀夜行，
## 为梦想风雨兼程

*1*

2016 年 4 月 14 日，NBA 巨星科比·布莱恩特在洛杉矶完成了自己职业生涯中的最后一场比赛，完美谢幕。全世界都在伤别离，因为，科比结束的不仅仅是他自己的职业生涯，还代表我们很多人从少年起的成长岁月，那是一个时代的终结。

我忽然想起了袁小天。

该怎样定义他这个人呢？

聪慧，睿智，自由……这些词语实在是温和得毫无骨气，对他来说，叛逆、嚣张和放荡不羁更为贴切和生动。

袁小天大闹天宫的那些年，让老师们头疼得不知如何是好。

他有一项很了不起的本事，可以堂而皇之地在课堂上打瞌睡。有同学举报，袁小天偷偷睡觉。老师根本不相信这个低头沉默的少年在打瞌睡，因为他手里的笔明明还在转啊！

没人知道他是怎么做到的，就像没人知道为什么在食堂打饭的时候，他可以大摇大摆地走到队首，而别的同学只能排到长龙之后。

大约是顾长身高的优势，在那些还没发育完全的小个子中间，袁小天自然是鹤立鸡群，走到哪里都有一众追随者，所以，以袁小天为首的"八人军团"在学校声名显赫。集体翻墙逃课，为了去看周杰伦的巡回演出；集体失踪一天一夜，为了给军团副司令"夫人"庆祝生日。或者，因为军团中的某个人为一杯奶茶跟外校同学起了争端，集体去讨伐。

这一桩桩一件件，给老师们带来了滔天烦恼，老师恨得牙痒痒，唯有惩罚。袁小天这辈子受过的惩罚大概都集中到那几年去了。高中语文老师应该是为了给他铭刻不可磨灭的印记，袁小天基本上每个假期都会"中大奖"，比别的同学多"荣获"一项作业——罚抄唐诗或宋词。

袁小天郁闷地在房间里一边口中嘀咕坏心眼的老师一定

不要过一个愉快的假期，一边下笔如飞抄着"李白杜甫白居易"，甚至心里对这几个人心生恨意，闲来无事写什么诗词，给后代子子孙孙留下这么多麻烦。可是他未曾料到，这挨罚的后果便是日后他可以出口成章。

后来，袁小天终于嬉笑着感谢老师教导有方，在时隔多年以后，他仍然每句诗词都记得清晰，而这些诗词成为他拿来炫耀的武器，当然，更是女生面前的必杀技。

所以，其实是老师送给他一门独家秘诀。

## 2

在爱做梦的年纪，袁小天的确做过很多梦。他经常会在晨读前给大家讲前一晚做的梦，他会被锦衣卫追杀，会遇见小龙女，他武功高强，甚至救了曹雪芹，把他带到现代写《红楼梦》续集。或者他在楼兰古国受到最高礼遇，转瞬间又到了异度空间，到了35世纪。

总之，袁小天的结论是，他非凡夫俗子，乃是从前的皇族子弟，肩负着重要使命，令整个家族崛起。

他不仅身份显赫，而且胆识很是过人。

老师当时只发现了袁小天早恋的蛛丝马迹，其实哪里知道，他的情史相当丰富，据说第一个小女友是在幼儿园。那时候5岁的他就敢拉着那4岁小女孩的小手说："我喜欢你。"

在成长的年纪，读过很多书，受过很多熏陶和启迪，袁小天总结出自己的一套逻辑，他断言，杰出的人一定和杰出的人为伴。比如，金庸的偶像是夏梦，所以金庸笔下才有那么多超凡脱俗的女子形象；比如，梁思成的夫人是林徽因，林徽因是民国时期最具传奇色彩的女神；当然还有钱钟书和杨绛；还有很多很多。

所以，袁小天决定在茫茫人海中一定要找到那不凡的另一半，如此才能成就他的不凡。他喜欢的女孩都是超凡脱俗的，比如说，袁昭昭。

袁昭昭高二那年空降而来，如不小心坠入凡尘的精灵，盈盈浅笑，散发青草芬芳。袁小天慨叹，怎么会有这么漂亮的女孩。并且，这个漂亮女孩又有很棒的成绩，在那个年纪，这样的女孩便是所有男生心之所向。

他无可遏制地喜欢上了这个精灵一样的女孩。

可是遗憾的是，袁昭昭有个很好的玩伴，已经在北京大学读书。而北京，是袁昭昭一直憧憬的地方。她心无旁骛地学习，每次演讲都激昂地讲着自己的梦想是北京大学。袁小天无数次在心里鄙夷：还不是因为那里有个人！

他对袁昭昭说："嗨，袁昭昭，你还不知道，我是皇家子弟，我喜欢你是你的荣幸，你信不信将来你会跟我姓？"

那时袁昭昭才刚来没几天，还不认识他。她惊讶地问："你叫什么呀？"

"袁小天。"他骄傲地说。

在那个热血和疯狂的年纪，所有男同学都在为偷偷看一场世界杯球赛而欢呼，所有女同学都在为抢到一张偶像的演唱会门票而尖叫。袁小天不止一次兴奋地问袁昭昭："演唱会的门票我能给你搞到，因为我是皇子再世，你去不去？"

可是遗憾的是，袁昭昭有不同于其他女生的冷静和淡然，她总是说："现场就不去了，我等着过几天看电视转播就好了。你把门票送给别人吧。"

大概因为袁昭昭太出色了，袁小天始终都无法不去喜欢她。可是直到高中毕业，袁昭昭也没有接受他的喜欢，她真的考上了北京大学，去了那青梅竹马的身边。

袁小天在忧伤之余，也找到很好的理由解释给自己听：伟大的爱尔兰诗人叶芝，若不是终生都没有追求到毛特·冈，能有持久的灵感和爆发力吗？

所以，他的结论是，打算终生成为那个被拒的吗？

那一年的袁小天多么有勇气！

### 3

古代人物中，袁小天最喜欢的便是狄仁杰。这个名字甚至让他疯狂了好多年。

我曾不止一次地想象过，假如狄仁杰生活在现代，袁小天一定是最狂热的粉丝，他也一定不止一次幻想过穿越到唐朝，到那个时代去见证狄仁杰的传奇吧。

那部电影《狄仁杰之通天帝国》让袁小天艳羡了好久，他甚至茶不思饭不想，不眠不休，一直纠结为什么徐克可以在他之前拍成那么好的一部电影，那么好的电影不应该属于未来的袁小天吗？

可是袁小天还需要成长呢，没等袁小天长成参天大树，这巨大的光环就被别人摘了去。

袁小天实在是很不甘心。

那个夏天，袁小天一直闷闷不乐。这部电影代表中国入围第 67 届威尼斯国际电影节主竞赛单元，他看着这样的战绩还是觉得替徐克惋惜，啧啧，要是我来拍，一定比这更厉害！

那个夏天的风格外闷热，因为他懊恼这个叫袁小天的新一代导演还没有崛起。

袁小天于是发现了时光匆匆，必须迅速奋起。可是他还没来得及思考如何继续狄仁杰的传奇，高考便已来到。

袁小天的爸爸总是觉得他很不争气，除了看电视，就是去吹牛皮，更觉得他的导演梦实在是不着边际，老师认为以他的天资报考 W 大学金融系毫无问题。虽无严刑逼供，却也是耳朵听出老茧，袁小天万般无奈，牺牲了自己的远大志向，按照他们的心意，考上了 W 大，新生活于是按着既定的节奏稳步向前。

可是他心底的那个愿望和渴求还在，生生不息。

袁小天在大学二年级开始在某个文学网站连载狄仁杰的系列故事，引人入胜的故事让很多读者都流连和痴迷。

他觉得他就是在为狄仁杰代言，以己之笔，以他之灵魂，写就一个个传奇。

每个故事，他都是导演，人生百态，喜怒哀乐，他都可以裁决，实在是潇洒快意。

## 4

袁小天在大三那年获得了去日本做交换生的资格，他欣喜若狂，真巴不得永远都不要回来，如此，便可以逃离那个令他窒息的家。

袁小天应该去国家安全局，同学们没有一个知道早在初中，他的爸爸妈妈就已经离异，只知道，他的爸爸很爱他，他的妈妈很疼他。可是事实是，他常常处于无人认领状态，妈妈早早搬走，爸爸常常跟那个妖冶的女人混在一起。爸爸偶尔想起他，大概就是想骂人的时候，他甚至猜想，爸爸该不是连对那个女人的怨气也都撒在他一个人身上了吧？

大学毕业，他真的没回来，而是一边在日本打工，一边继续读了硕士。当然很不容易，咖啡店、餐厅都做过。日本地震频繁，每次地震，他都在想，没准就客死他乡，无牵无挂也挺好。

可是他没想到的是，自从他去了日本，他的爸爸反倒关心起他来，就如同大梦初醒，忽然之间想起来他还有个儿子，每到地震，他的爸爸都会很快发来消息，问他的安危，长吁短叹，甚至有一次他似乎听到了爸爸隐忍的哭泣。他觉得一定是产生了幻觉。

更不可思议的是，在他研二那年假期回家，突然发现妈妈又回来了，开始那几天，他很唾弃妈妈：这么多年过去了，居然又原谅了背叛她的这个男人。

可是看着他们见到他时欢喜的样子，他突然发现，他们都老了，还好，他们最后还在一起，岁月带给他们许多折磨之后，还给他们留下这唯一珍贵的礼物。

袁小天记不得自己曾经流泪过，可是送别的那一天，他落泪了。

在向父母挥手告别转身的刹那，他的泪汹涌而出。

他忽然特别想结束求学和奔波，忽然有了回国的念头。他唯有更加努力，早日归国，让他们看到他的未来，那也是他们的希望和未来。

## 5

就在这个仲夏，袁小天获得了硕士学位，即将回国。我相信狄仁杰仍然让他痴迷，仍然在他心里。当然，一定还有篮球和科比。

袁小天曾说，他迟早要成为国内最棒的导演，拍一部最好的影片献给心爱的姑娘。

不知道这几年袁小天有过多少心路历程，最后，在他身旁的那个姑娘，并没有袁昭昭般艳丽，她也没有超人的才华和能力，她不是夏梦再世，也不是林徽因脱胎，她只是她自己。可是在他眼里，她是那么特别的一个存在。或许他爱的便是她的清新可人，淡雅如菊。

她只微微一丝笑，倏然倾了他的城。

这便是爱情。

他从前的狂躁和嚣张，被她的明媚欢颜全部收了去，他已经真正懂得爱的深刻奥义。

不过我想，袁小天仍然是那个提刀夜行的勇士。在他的心中，永远有多彩的梦想。不论他身处何方，不论处在人生的哪一段境遇，相信他都能够有勇气去追梦。

科比虽然退役，一个时代虽然终结，可是另一个崭新的时代正在开启。那个不可一世的，有些狂傲的勇士，愿你永远是人生的勇士。

相信你正在为梦想而风雨兼程。

那么，你加油！

那夜色中的小小萤火虫，纵然暮色凄迷，纵然前路漫长，却坚韧自强，且有光芒，小小翅膀也有惊人的力量，乘着梦想飞向彼岸天堂。

# 你当自强，
## 且有光芒

### 1

那不是那个摆地摊的姑娘吗？

虽然那晚阴云密布，星空寂寥，可是他还是记住了她。

就是她，在天桥上一边不耐烦地催他快点，一边慌慌张张地左顾右盼，后来他因为生气，选好的那条链子赌气又扔下了。那姑娘也不低声下气地求他买，直接将布毯子连同上面七七八八的东西全部快速收起，塞进一个很大的背包，迅速背起背包，撒腿便跑下天桥。

过了半分钟，天桥上一阵慌乱，别的小摊开始逃亡，他才明白过来，原来是城管来了，那姑娘早就嗅到危险气息，逃之夭夭了。

他站在那儿，居然摇摇头，笑了笑。

是她。

一只耳朵戴着个耳圈，在月色并不明朗的夜里仍闪着光泽，而另一只耳朵上却只是一只低调的耳钉。翟强记得很清楚，这姑娘好奇怪，不知道为什么两只耳朵戴的是不一样的坠饰。

翟强走进井然小区 8 号楼，刚走进电梯，便看见这姑娘挤了进来。电梯内只有他俩，所以姑娘也看到了他，但是显然姑娘没认出他，那一刻，他对自己这张毫无辨识度的脸恨之已极。

她怎么会在这里？翟强眼睛一直盯着姑娘的耳圈，还是忍不住打了招呼："嘿，你好，昨晚你跑得好快啊！"

姑娘转头，先是一惊，然后眯了眯眼，微笑着说："你认错人了吧，先生？没准你看见的那个是我正在寻找的孪生姐妹，我们失散多年，我一直在寻找，你下次如果见到她一定要告诉我。"

姑娘已经走出电梯，那电梯在 12 层根本没停，直接将他载到顶层之后停滞不动，他才发现，自己忘了按 12 层按键。

翟强开始怀疑自己的判断，大概是认错了人了。

可是第二天便证明了，那姑娘分明在撒谎。

第二天傍晚，翟强回来的时候已经华灯初上，他疲惫地走进小区，在林荫路上正好遇见那姑娘迎面走来，身后背的正是那晚的那个背包。

他不由得停住脚步愣在那里，那姑娘在一步之遥停住脚步，笑嘻嘻地说："是玩笑啦。你猜对了，我就是我的孪生姐妹。"

## 2

这个神秘的姑娘叫朱西西，来自云南苗乡，大学刚毕业，和男友一起来北漂。西西学的是陶艺，有一副好歌喉，擅长手工，地摊上卖的那些小玩意儿都是出自她自己的手工。

西西刚到北京不久，暂时还没找到合适的工作，白天找工作，晚上摆地摊，赚些小钱。男友卖保险，非常忙，常常回来很晚。男友常常觉得辛苦，如果某一天有收获，就会心情很好，甚至还偶尔心血来潮来接西西；如果卖得很糟糕，就会心情很差，要喝酒解闷。

翟强自此之后便经常喜欢走天桥，经常回来很晚，因为可以顺便接西西一起回小区，她总觉得，一个女孩子那么晚在外边晃实在是太不安全了。他有时候想，如果西西在遇到自己之前还没有男朋友，该是一件多好的事呀！

西西卖东西跟别人不一样，她不是很斤斤计较，并且一边卖东西还一边戴着耳机听东西。起初，翟强觉得这姑娘连卖个东西都漫不经心，怎么能赚到钱呢？可是那天西西不小心把手机掉在地上，他才看清手机屏幕，西西听的不是流行歌曲，而是日语。

原来西西在学日语，她一直希望将来能有机会去日本学习音乐，还有剪辑。男友鄙夷地说她不过是做梦而已，她委屈地说，要不是她敢做梦，什么事都做不成，大学毕业，姑娘一个人来到北京找他，父母一百个不同意。她笑嘻嘻地说，时刻准备着，万一以后什么时候梦想成真呢，是吧。虽然北漂实在是挺苦的，可是还好，还撑得下去。

翟强在半年后因为工作调动，去了上海，每次去上海外滩，他都会想起西西，不知道他男友今晚有没有去接她回家，不知道北京那一晚有没有暴雨，是不是好天气，西西是不是会淋雨，以及她有没有继续学日语。

可是西西好久都没消息，直到一年之后晒出在日本的照片。

西西真的去了日本，在此之前和男友分了手，因为男孩为了卖保险，跟一个女客户搞在了一起。那个女客户是他一个说一不二的贵宾，她的一个大单可以拯救他的整个事业。可是后来，那男友终于在西西远走日本之后痛苦地说，他为了所谓的事业丢了全世界。

## 3

那已经是几年前的事了，翟强每每想起还历历在目，恍如昨日。

翟强已经回到北京总部，此番有机会到日本和合作机构洽谈新项目，谈项目不是重要的，重要的是他想去看望那个久违的姑娘，心心念念的西西。

西西在日本一家汉语言研究所工作，一边工作一边学习音乐。快两年的时间，她已经创作了一首单曲。还有她的手工作品，在日本也很受欢迎。邻居还常常来跟她预订手工作品，作为给友人的贵重礼物。

那个昔日倔强的女孩正在走来，她看清了他，慢慢绽开唇角，樱花漫天，那娇艳的樱花却顿时因她的笑容失了色泽。

他迎上去，抑制不住喜悦，竟深深地拥抱了她。

西西带他去她的工作室，送他自己单曲的 CD。翟强说："你这么累，是不是太辛苦了？"西西仍笑嘻嘻地说："路还长着呢。做着喜欢的事，辛苦也很快乐。我真的在一点点实现梦想，很开心。"

看着她一路成长，他不知为何生出一丝骄傲。

那夜色中的小小萤火虫，多像西西，纵然暮色凄迷，纵然前路漫长，却坚韧自强，且有光芒，小小翅膀也有惊人的力量，乘着梦想飞向彼岸天堂。

世界从来都不是桃花源，每条星光璀璨之路都布满荆棘，可是，那是你通往未来的唯一必经之地。

# 世界从来不是桃花源

## 1

正在开会中，手机突兀地响了起来，划开屏幕，原来是手机提示下周是小晚的生日。我才意识到，小晚已经去美国两个月了。两个月前的今天，她成功签约了 WSN 音乐公司，唱响了她的彩虹人生。

不知道有多少人曾有过从天堂坠入地狱的感觉。

16 岁以前，小晚像极了童话里的公主，在她还不算广阔的世界里，她就是那个至高无上的女王殿下。她有慈爱的父王母后，有谦卑的仆人阿姨，有忠心的女童玩伴灵美，还有最乖顺的狗狗彭彭。按照通常童话的故事走向，公主即将遇见心爱的王子，并且他们从此过上幸福的生活。

小晚在这一年的确遇到了男孩，却不是一个，是两个。当她还在揣测到底哪一个才是她将来的白马王子的时候，命运跟小晚开了个很残忍的玩笑，她之前的人生便如悬疑小说冗长的序，如此豪华铺陈，大概只是为了导出她后来无比漫长的流亡般的生活。

这一年冬天，寒风格外凛冽。小晚的爸爸破产了。齐小晚从千金小姐变成了平凡女孩甲乙丙。

阴沉月色中，小晚一步三回首地和妈妈匆忙离开了那个承载着全部幸福和快乐的家，第二天，齐家的豪宅被封。

不久便听说小晚的成绩从全校前三落到了 100 名以外，并且经常旷课。

再次见到小晚，是在一家咖啡厅。北方的冬季天黑得早，傍晚便已经暮色沉沉。我和朋友刚刚落座，便听到里间传来杯子落地的脆响，紧接着是一个无比熟悉的女孩的声音："对不起阿姨，我来补偿你，我不会别的，我给客人唱首歌吧。"

随即，就见到小晚匆忙地跑出来，有些局促地对大家说："大家晚上好，我叫小晚，我给大家唱首歌，感谢大家常常光顾，喜欢这里。"

小晚环视四周，发现了我，眼中划过紧张和尴尬，但只几秒钟就镇定自若，冲我微笑了一下，点点头，然后开始清唱。

小晚唱的是王菲的《但愿人长久》，有人打起拍子来，小晚唱到一半的时候，又有人用手机放了伴奏。唱罢，迎来掌声一片。还有人说，再来一首！

那咖啡店老板娘笑吟吟走出来看着小晚笑，我心里却要哭出来。

## 2

小晚从小便有唱歌的天分。还在家境优渥的时候，她的妈妈曾想带她去专门学习声乐。可是当时专业老师说，小晚还在变声期，学声乐尚早。未料，现在可以学了，家境却已经不允许。

半年之后，听说小晚报了一档电视音乐节目，猜也猜得到，她成了全校焦点，褒贬之词一起涌来。当她站在舞台上沉醉地唱起，耀眼的不是璀璨的灯光，而是娇小的她从内而外迸发出的自信和坚强，那种光华照亮整个星空。

遗憾的是，因为高考临近，小晚不能耗费太多的时间去准备，没能再晋级。高考的时候，小晚发挥失常，考上了北京的一个二本大学。不过，她妈妈还是幸福得抱着女儿泪如雨下。

北漂这两个字，包含着困顿、漂泊、挣扎、无奈、隐忍、执着和坚强。很多人的北漂是从大学毕业，22 岁开始，而小晚，从踏上北京这块土地的 18 岁，就已经开始一点一滴地体会、熟悉、接纳和融合。

入学第一天，小晚的爸爸妈妈送她到学校之后依依不舍地离开。傍晚，小晚一个人在校园外的天桥上看着夕阳西下，看着熙熙攘攘的人群，绝望地哭了很久。

"爸爸对不起你，小晚。"这句话一直刻在她心上很多年。从坏的境遇到好的境遇很容易，从好的境遇到坏的境遇，这种落差会虐得人崩溃。可是，不论是好的境遇还是坏的境遇，对父母来说都已经奉献到了极致。那么剩下来的，便是这个世界对她自己的考验，只不过，这种考验可能比对别人来得更严苛。

### 3

小晚入学第一个星期，就报了学校的文艺部，歌声嘹亮，顺利通关。小晚的学校离音乐学院只有几百米的距离，经常能探听到各种演出消息，但凡有免费的或者打折的演出门票，小晚都会到场。一个偶然，小晚结识了音乐学院的学生姜离。

小晚的人生中只有寥寥几个贵人，姜离便是第一个。让姜离感到惊艳的不仅是她的歌喉，更多的是小晚创作的歌曲。彼时的小晚已经开始创作歌词作曲，并在阿里音乐上发布原创音乐。姜离惊讶于小晚的才华横溢，喜欢上了这个热情又倔强的女孩。姜离业余在酒吧唱歌，后来走到哪里，她都带上小晚。

半年之后，突然有一天，姜离的声带出了问题，之前和酒吧的签约无法继续，小晚一个人承担下来。那时候，小晚在阿里音乐上发布的原创音乐已经有越来越多的人关注，拥有很多粉丝，有很多粉丝甚至慕名去听她的演出。几个月后的一个傍晚，姜离给她发了短信：立刻到我这里来，十万火急，不得有误，急急急！

　　奔往姜离所在饭店的小晚还不知道，这一刻，她正在奔赴成功之旅。姜离对面坐着的，正是以挖掘新人著称的知名音乐人Z先生。一顿晚餐的时间，Z先生便已经做出了重要决定。三天后，小晚收到一通电话："您好，齐小晚小姐，我是WSN音乐公司的助理小娆，我们制片总监邀请您来见个面，我们的地址是……请问您有时间吗？"

　　小晚大脑空白了足足半分钟，直到对方又问，她是否在听，她才梦醒过来，说，有的，有时间的。

　　事实上，Z先生已经在不久前关注到这个叫齐小晚的女生，她在阿里发布的原创音乐曲风独特，意蕴悠长，歌词和曲调都能引起很多共鸣，实在是给原创音乐注入了一股新鲜力量。恰好无意间好友姜离谈及小晚，Z先生便立刻要见她，果断地将她收入旗下。

## 4

　　小晚一度屏蔽从前的生活，16岁以前的生活简直梦幻得不真实，无论如何，都不能够和后来的生活接续起来。刚入大学的那一天，小晚还曾对漫长而无望的人生绝望地哭泣，她甚至不敢对未来有任何奢侈的幻想，她只知道，她喜欢唱歌，喜欢到骨髓，她把悲喜都注入歌声里。她曾写歌到深夜，到天明，她曾唱到声音嘶哑，不能说话。别的学生课余悠闲地休息，她背着吉他，呛着冷风，奔波在地铁上、公交车上。每天计算着钞票，饥一顿饱一顿。暮色沉沉，遭遇过危险，所幸，每次都是惊险地挨过。

那一刻，泪水滑落，她觉得，之前的种种艰难、苦楚，一切都值得。

两个月前，小晚和 WSN 音乐公司顺利签约，并且，派小晚去美国系统学习唱腔和唱法。能预见的是她即将开启的闪亮的人生。

## 5

这个世界很美丽，美丽到你打开荧屏，很难找到一个丑角。这个世界很仁爱，仁爱到你每天都能看到有名人奉献爱心，捐出巨款。这个世界很公平，公平到你每天看到数不胜数的招聘用人广告，从世界 500 强到私人小企业。这个世界很精彩，精彩到每天只要刷微信朋友圈，就足够打发你百无聊赖的时间。这个世界很自由，自由到每天都有追求个性、博来喝彩、走向成功的例子在上演。这个世界也很容易成功，容易到每天都有自媒体成功得到巨额融资。

于是你得出结论，只要我足够幸运，我离成功只一步之遥，因为，太多成功的人并没有如我一般的资质。

于是你信手翻看铺天盖地的广告，信心十足地去应征，可是未料到的是，看起来和善又无欺的招聘，此刻变得严苛如判官，你的过往成绩，你的人生规划，你的头脑智慧，无一不被放在显微镜下仔细检验，最终你没能如愿被那世界 500 强的企业录用。

于是你又想起自己的颜值，美丽如你完全可以靠脸吃饭，为什么笨到要去拼才华。你九曲十八弯地找到某知名广告公司去应征，那慈眉善目的负责人满脸欣赏地打量你，却客气地说："真是抱憾，大牌都在我这儿排队排出好远，等有机会再找你。"可是最终你也没能等来一点消息。

于是你又想做一个标新立异的人，也未尝不会成功。你也想成为某种创始人，或者引领某种风潮。可是你发现，你即便筹来资金，也不知如何运作，你每天写的公众号文章连自己都没兴趣读第二遍，何来关注可言？

挫败不言而喻。

于是你才知道，成功从来都来之不易。

你看到的别人的成功，都是里程碑，而背后的千难万险，只有自己去经历，才会懂得。

充满鲜花的世界只在童话里，世间所有的奇风异景，都在九曲十八弯，都有悬崖峭壁。奇美永远与险峻相伴。人生要历经山穷水复，未来才有柳暗花明。

世界从来都不是桃花源，每条星光璀璨之路都布满荆棘，可是，那是你通往未来的唯一必经之地。

无论在任何境遇，都要永远保有一颗对美好梦想的向往之心，带着对明日的希冀，以自己的方式狂欢。不论风和日丽还是狂风骤雨，不论鲜花赞誉还是枪林弹雨，勇敢地奔赴理想国，一路只有狂飙，没有畏惧。

# 我从未忘记理想国

## 1

2016年7月18日，台湾陈惠婷推出了巡演纪念单曲《明日，我将以我的方式狂欢》。这的确是个令人欢喜的消息。还有一个消息，小智在朋友圈晒出了他的第一笔稿酬。陈惠婷的单曲无疑是对广大乐迷的又一大福音，是音乐界的大事件，而小智的第一笔稿酬在我看来也同样是个令人振奋的大事件。这两件事发生在同一天，我甚至觉得，陈惠婷的这首歌正是小智对未来最好的告白。

迄今为止，小智看过的电影大概有2000部，按照一部电影 90 分钟来计算，这些电影加起来的时间大概在 3000 小时，如果每天不间歇看 8 小时，那也要至少 375 天，这还是保守数字。所以，这么多年来，小智没干别的，全部热情都贡献给了电影。

所以，小智那些年没怎么好好读书，不爱学习，资质又不突出，成绩自然很对得起他。

有一次语文课上，老师讲完"浮萍"一词后让同学们用它造句。小智听完老师讲解便在座位上抽泣，老师问："小智，你怎么了？"小智一边擦眼泪一边哽咽说："我就是一片浮萍，可是我勇敢生长。"惹得同学们哄堂大笑。

小智真的如一片浮萍。父母工作忙，没人照看他，从小他跟着奶奶长大。到了上学的年纪，父母又把他送到寄宿学校。他是最让老师头疼的一个学生，因为总是看不住他，不是溜出去看电影，就是偷偷出去打游戏。他甚至装肚子疼请假回宿舍，就为了看中央电视台电影频道播放的某个期待已久的电影。他出去打游戏会忘记时间，临睡前，管纪律的老师查人数才发现他不见了踪影，再发动同学到处去找，从游戏厅将他拎出来。

电影和游戏，那大概是他成长过程中仅有的乐趣了。

在起初的日子，小智的爸爸还能每个周末来接他回家。可是后来，他的爸爸妈妈不知道为什么就离了婚，那个家他也很难再回去了。因为他爸爸成了大忙人，在外边忙着干事业，忙着跟女人鬼混，只好把他扔到这倒霉的学校。别的同学周末可以回家，小智甚至几个星期看不到他爸爸的踪影，有时候手机余额不足，他只好打电话向远方的奶奶求救，奶奶会去找小姑给他缴费。总之，很麻烦。

他每次对他爸爸都是又期待又害怕，期待是因为每次爸爸会给他带来些吃的，给他一些零花钱，害怕是因为无一例外会挨打。

他爸爸非常厉害，每次来学校先去找班主任老师问情况，然后来到宿舍，叫他出来。在宿舍里，他爸爸还算绅士，跟老师说话也很得体，完全是一个很有素养的文人雅士。可是当把小智拎出宿舍之后，就完全是被另一个人附体，他会脱掉贵重的外衣，搭在操场的椅子上。动作不慌不忙，一丝不苟，甚至要检查那椅子干净不干净，确保他的衣服纤尘不染。

然后，才开始动手。通常是打小智的嘴巴，他会一边打一边恨恨地说："你倒是去张艺谋那儿要压岁钱，或者你去找那个什么斯皮尔伯格给你买肯德基，给你的钱，你都贡献给电影了，那就别嚷着肚子饿！"

甚至有一次因为小智还手，还不小心打了他的眼睛，好多天才消肿。那天幸亏老师来劝解，总算拉住了他爸爸，否则小智以为自己要一命呜呼了。痛打完小智后，他爸爸咆哮着走了。老师让医务室的阿姨来宿舍给小智包扎，那阿姨不明真相地问："哪个同学这么手重，居然敢把你打成这样？"

老师有些心痛，问："小智，你爸爸怎么真打你啊？"小智一边疼得龇牙咧嘴，一边说："我爸说，他就是这样被爷爷打大的，男儿不打不成才。他再敢打我，我告他去。"老师叹息一声。小智沉默了好一会儿，说："老师，你以后不要跟他说我坏话了。"老师沉默了一下居然点头说好。

从那之后，小智的爸爸再来，老师都会替小智隐瞒，所以他少挨了很多打。

## 2

生活在广州一带，服装厂比比皆是，小智的爸爸和大家一样，开始都是做服装厂的零工。他虽然没有读过几年书，但是人很精明，在工厂爬得很高，在小智高中的时候，居然自己开起了一个工厂。他春风得意，觉得小智也没必要读很多书了，现在读到高学历，就业状况也不是很乐观，所以催小智早点儿去工厂跟他赚钱，不要只是每天看电影。

可是小智说什么都不肯妥协。他爸爸的工厂他去过几次，他爸爸只负责和一些狐朋狗友觥筹交错，他都不知道爸爸是怎么支撑那么大一个工厂的。那是一种被低俗搭建起来的富裕，大把的钱拿去酒吧消费，拿去喝酒玩乐，他觉得甚至那酒杯相撞的声音他都受不了，每天和那些酒气熏天的人待在一起，实在是一种煎熬。他也不想跟那些工厂里的工人一样，三伏天在闷热的厂房里汗流浃背，机械地重复着同一个动作。

他想逃离这种生活。

他忽然发现读书是多么幸福的一件事。还有，看电影。

他的零花钱有一部分是用来买电影杂志。那上边有他崇拜的某个导演的文章，也有某部影片的拍摄花絮。这些都让他着迷。

他不止一次地幻想，将来在《电影世界》里能看到自己的文章。即便不能，也绝不想在这轰鸣的工厂敷衍度日。

高三那年，小智突然像被重锤敲过，在临近高考的 4 个月，以惊人的速度奋起直追，到高考时，考上了一个二本的大学。

## 3

小智如同脱胎换骨，在大学里完全变成了优等生。唯一没变的就是，仍然对电影着迷。他仍然在看电影，在微博上写简短的电影观感。可是，并不能像那些资深人士那样，激起千重浪。

毕业之后，工作并不顺利，似乎在验证他爸爸说的都是对的。他毕业两年间一直在换工作，并且基本上都是短期的，为了逃离他爸爸的工厂，他甚至送过外卖，他觉得即便是送外卖，也比去工厂开心，他实在无法忍受那些机器的轰鸣声。

2014 年年初，在微信订阅号大潮的影响下，小智注册了自己的订阅号，开始正式发表影评。却没有料到，他的影评被迅速转载。小智的特别之处在于他的敏锐度高，语言尖锐，往往能戳中很多关键点。小智开始被广泛关注，他的文章也越来越多地被转载。

2016 年 7 月 18 日，终于有一家电影界权威大号，请他做专栏作者，他收到了生平第一笔稿费。

这代表他新的人生正在开启。

## 4

SK-Ⅱ最新推出的广告短片名字叫《小梦想 VS 大无畏》，在总共 1 分 04 秒的短片中，采访了几位成年姑娘和几个小女孩，她们都描述了自己心中的梦想。姑娘们都对梦想这个词感觉生疏，她们或者说："小时候的我是有梦想的，但现在的我没有梦想。"或者说："没有明确的一个梦想。"她们说自己的梦想很小，很实际。而相反，小女孩们的梦想却非常明确且充满想象，她们的眼中满含憧憬和兴奋的光芒，骄傲地说想当超级巨星，或者想当女飞行员。她们虽然人小，但是梦想很大，也很多，可以有一万个那么多。

似乎年龄越大，梦想这个词离得越加遥远。当然，成年人都会给自己找出理由。短片中的姑娘们说，因为现实不是你想象中那么简单，因为女性更适合照顾家庭，在职场上竞争不过男性，等等。

虽然这是 SK-Ⅱ专门针对女性做的一则广告，可是，随着成长，梦想的渐行渐远并不只是发生在女性身上，它更是一个很普遍的现象。

然而，成长的代价不是梦想的凋零，成长的意义不是梦想的远离。

SK- Ⅱ广告片的主题是"重拾梦想，改写命运"。相信还会有很多人无论在任何境遇，都会永远保有一颗对美好梦想的向往之心，都会记得自己曾经豪情万丈，都会带着对明日的希冀，以自己的方式狂欢。不论风和日丽还是狂风骤雨，不论鲜花赞誉还是枪林弹雨，勇敢地奔赴理想国，一路只有狂飙，没有畏惧。

爱情不是人生的全部，除了爱情，人生还有很多事情要去做，是责任，也是义务。不管你愿意不愿意，人生都不会停下脚步来等你治愈。

# 岁月峥嵘不言弃

## *1*

她一直喜欢海，却因为在北方，所以一直都没有机会去看海。

2012 年，她第一次听到那首《听海》。

那首歌真的好听，可是她却很纠结，它的歌词为什么说"你听，海哭的声音"？为什么词作者不能写成"你听，海欢笑的声音"？

海为什么要哭呢？

2012 年是不寻常的一年，都说这一年是世界末日，可是对乐姗来说，却是某种新生命的开始。在这一年的夏天，她考上了期盼已久的 K 大，并且迎来了爱情。

爱情真是很玄妙，没人知道会发生在什么时候，可是乐姗知道，她的爱情就精确到了那一分那一秒。因为，那一天恰好是她的生日，那一刻，恰好是他登上舞台。

在此之前，乐姗无数次地幻想过自己和白马王子的邂逅，一定有白云、蓝天、沙滩和光芒万丈的阳光。可是，爱情真的来了，却完全颠覆了她的任何想象。

一曲炫舞过后暗下来的舞台，朦胧的灯光，简单的 T 恤牛仔，微卷的黑发以及温和的笑容，这样一幅淡雅的画面却强烈冲击了所有人的视觉神经，而敲开乐姗心扉的是他深邃的眼睛，璀璨如星辰。

那一刻，乐姗的心灵深处倏然洞开。她的爱情来了。

2012 年 9 月第一个星期六，晚上 9 点 15 分 27 秒，陈峥嵘受邀登上新生入学庆典的舞台，也登陆了乐姗的世界。

陈峥嵘，彼时刚刚 K 大社会学系毕业，直接就读本系研究生。那一晚，乐姗记住了他唱的那首歌《听海》，那是让乐姗很震撼的一首歌，可是，乐姗不解，歌词好别扭。

## 2

那晚之后，乐姗每次在食堂图书馆都会留意，会不会像小说里写的，有缘人自会相遇，不论在哪里，一定会相遇，可是每天都是失望而归。

两个月后，乐姗真的再次见到了陈峥嵘，却不是在学校，而是在姑姑家里。

那个周末，母亲大人跟闺密去了郊区农场，摘了很多新鲜的无污染草莓，派乐姗给姑姑家送去一些。乐姗一脸欢喜地走进客厅，便看到陈峥嵘坐在那里。

原来，他是表姐沐沐的男朋友。

可是不对啊，沐沐姐明明有男朋友的，不是一直在法国，上周还给她寄了一套时装吗？

表姐立刻跑过来挽住陈峥嵘的手臂，亲昵地对乐姗说："乐姗，这是我男朋友呀，叫学长，他跟你一个学校呢！嘿嘿。"

乐姗哑然地看着表姐，又看看陈峥嵘，慌慌张张地提着一袋子草莓就跑向厨房，将草莓递给姑姑，便跑出了姑姑家。

姑姑追出来："这孩子是怎么了？"沐沐了然地笑笑："没事，小孩子，不懂事。"

## 3

小表姐沐沐是美人，她的能力是超凡的，从小到大，如众星捧月，从没缺过男朋友。原来她和陈峥嵘是中学时代的同学，那么陈峥嵘不爱她才是一件不合逻辑的事。可是，沐沐有男朋友，这件事怎么也不应该瞒着陈峥嵘吧！

似乎相遇了就无法再停下来，乐姗开始在学校频频遇见陈峥嵘，食堂、图书馆，甚至路上。真是邪了门，想遇见的时候遇不上，不想遇见的时候躲不掉。乐姗真的是在躲他，因为不知道该怎么面对这个学长。

终于有一天，在图书馆再次相遇。那一天，乐姗坐在那里看书，看了好久，忽然觉得口渴，端起水杯仰面就喝，无意一抬眼，才发现陈峥嵘悄无声息地坐在她的身旁。她吓了一跳，口中的水差点喷出来，忍住没喷，却咳嗽起来。

"你没事吧？"陈峥嵘好笑地问。

"你，什么时候来的？"乐姗好不容易止住咳嗽问。

"我不可以来吗？"他微笑着说。

乐姗看着他半天，想说，陈峥嵘，别离我这么近，不知道我喜欢你吗？你会害了我的。可是她没说。

倒是陈峥嵘说了："你一直在躲避我，为什么？"

乐姗瞪大了眼睛想否认，想想却说："是，因为我好像知道一个秘密——不该告诉你的秘密。"

陈峥嵘笑了："说来听听。"

乐姗看了看四周，压低声音说："你，有多喜欢我的姐姐？爱她如生命吗？"

陈峥嵘笑了一下，眼神却深邃起来："很爱，是的，如果可以，性命不惜。"

乐姗咬了咬唇，狠狠心说："可是，你知不知道，她，可能没那么爱你，她是有男朋友的，很快就回来了。"

陈峥嵘的眼神暗淡下来，沉默良久，说："我知道。"

"你知道？"乐姗喊了出来，引来众人纷纷侧目，她立刻捂住嘴巴，好一会儿，收拾书本，背上背包，站起身，压低声音对陈峥嵘说，"搞不懂你们，都是奇葩。"说完，她跑了出去。

## 4

陈峥嵘对小表姐的爱并没有因为乐姗的告密而减少一分，倒是他在乐姗心里的形象大大地受到了折损，乐姗怎么也想不通，明明知道小表姐朝三暮四，却还对她情有独钟，这实在是脑子坏掉了。

可是她自己对陈峥嵘的喜欢又何尝不是呢？明明知道他喜欢的是小表姐，却又无时无刻不希望他喜欢的那个人叫乐姗。

这便是爱情的珍贵之处吧，一旦爱上，便深陷情网，难以自拔，万劫不复。

几个月后，小表姐的男朋友便正式从海外归来。小表姐接机的那天晚上，乐姗从图书馆出来，听同学说，陈峥嵘一个人在学校对面的小酒馆里喝光了 8 瓶啤酒。她背着书包便跑去小酒馆，陈峥嵘已经酩酊大醉，抱着她哭得伤心："沐沐，这么多年我一直爱你一个，我到底还是输给了他。沐沐，沐沐。"

乐姗也在哭："陈峥嵘，我爱你，可是你只爱沐沐。我们为什么会这样？"

## 5

沐沐到底还是选择了那个海归，他们很快便结了婚，去了香港。陈峥嵘毕业之前请乐姗吃最后一顿大餐，乐姗亲眼见证他将沐沐的联络方式一点一点清除，从前的朋友圈、微博，以及 QQ。

乐姗突然问他："陈峥嵘，你的梦想是什么？"

"梦想？没想过，我就要毕业了，我想去四处转转，转回来之后，随便找个喜欢的城市，找份差不多的工作，蜗居，就这样。"

"你好没出息！"乐姗沉默良久，突然说。

"哦？"陈峥嵘一惊，又苦笑了。

"是谁给你起了这么好的名字？陈峥嵘，我想他一定是希望你不管岁月峥嵘，仍能拥有不悔的人生。可是你自甘堕落，你让我很失望。你一定埋怨命运的不公，你那样执着地爱一个人，却换不来她一点点的真情。那么我告诉你，这世上，和你一样境遇的人大有人在，坐在你面前的，我，乐姗，和你一样，我爱你，从见你第一眼起，可是你从没爱过我。

"不过我不会觉得委屈，因为爱一个人是很幸福的事。

爱你，所以希望你快乐。我也会感谢你出现在我的生命里，让我懂得了爱和学会去爱一个人。

"可是爱情毕竟不是人生的全部，除了爱情，人生还有很多事情要去做，是责任，也是义务。不管你愿意不愿意，人生都不会停下脚步来等你治愈，你这样沉沦会失去更多的东西。我想，这也一定不是沐沐希望看到的。

"陈峥嵘，我希望看到一个充满力量的你，你做得到的。"

## 6

陈峥嵘在海边长大，毕业后却去了西藏，一个连吃水都很困难的地方，又辗转去了西南。那几年，他的心一直在流浪。

乐姗觉得陈峥嵘还是应该回到有水的地方，如同水中的鱼儿，没有了水，也便失去了生机。

又听说他去了深圳，一个多雨的城市，温带、湿润、海洋气候，如此，她能安心了。因为不再缺水，他定会好好生长。

其实乐姗喜欢海是因为陈峥嵘的家就在青岛，她想去他的世界转转，出现在他的风景里。2015 年，乐姗真的去了青岛听海，毕竟不算远。

站在海边那一刻，她懂了，为什么那句歌词叫"听，海哭的声音"。

她本来是陆地生长的，她也爱上了海洋，会哭鼻子的海洋。

可是没关系，或许海洋也还没能长大。

长大之后，就不会常常哭了，因为，哭泣毫无用处。

有些悲伤，未必呐喊。

有些坚强，更加柔软。

未来已在路上，朝阳正在升起，她已准备好奔向远方。

他铺一张白纸，像模像样地拿起画笔，凭想象画那姑娘的模样。他为了能留住那姑娘在身边，长久地约稿，其实，只是想约一颗心。那姑娘长得跟那颗心一样纯洁。

# 我已亭亭，
## 无忧亦无惧

### 1

满世界都在找那串项链。

事实上，是她一个人发动了所有人帮她找项链。

其实那并不是一条很贵重的项链，她却在互联网上发了重要的寻物启事，因为它对她实在是无比珍贵。

那是一串珍珠项链，那不过是一台舞台剧的道具，却是被田佳佳偷来的，偷来珍藏。因为，那是 5 年前和沈航一起在舞台演出《麦琪的礼物》的纪念。

那时候她是德拉，而沈航是吉姆。在舞台上，他将这串项链戴到她白皙的脖子上。那一刻，整个世界都是观众，他在几千人的见证下，给她戴上了那串项链。

她多想成为真正的德拉，为了深爱的吉姆，一头秀发算什么？哪怕失去生命，也是心甘情愿。而吉姆，愿意为深爱的德拉卖了自己的金表，换来她手中的项链，多么珍贵。

虽然是在演戏，可那一刹那，她觉得他的眼中似乎有泪光在闪。那时候，她常常会想，他是不是也在企盼这样的时刻？

可是，遗憾的是，多年以后，他们再无联系。他们永远隔着山海。

因为，自始至终，那不过是她一个人的情深义重。沈航的世界里从来都是人山人海，他从来都那么优秀，那么万众瞩目，如同偶降世间的尊贵王子，睥睨众生。

他不会知道，有个女孩在整个大学时光将全部爱恋都奉献给了他一个人，那场盛大的暗恋，旷日持久，从第一次在图书馆偶遇一直到大学毕业，再没有别人能走进她的心里。

沈航现在已经是微博大V，粉丝几十万，怎么还会记得她田佳佳，曾经的丑小鸭？他的女朋友换了又换，现在的未婚妻是媒体的宠儿。连粉丝都知道给他们互通有无，比如，那女孩今天出席模特儿大赛，在后台不小心崴了脚踝，粉丝会去找他的微博留言，告诉他要好好呵护。沈航今天要出席哪个讲演会，粉丝又会跑到那女孩的微博下边，叮嘱她别忘了给未来的老公加油。连粉丝都助阵的爱情自然是声势浩大，全世界都在祝福他们幸福的爱情。

所以，他的世界从来都热闹而精彩，精彩到令他眼花缭乱，目不暇接，他又怎么会有一丁点儿的闲暇关注到她这种小人物呢？

她也曾用小号去给他微博留言。可是她发现，等待的滋味更难熬，因为根本不会有回应。

她也曾取消对他的关注，拉黑他从前的联络方式，可是其实对他毫无影响，因为微博其实很多时候不是他自己打理，从前的联络方式也很早便已停用，成为她一个人的纪念而已。

其实，她还不远千里去他工作的传媒公司应聘过，当然没能成功，因为，以她的形象，显然不属于那个世界。

她也很恨自己，恨自己如病入膏肓的癌症患者，无法治愈。

在已经工作了一年之后，对满世界的鲜花和追求无感，在全世界异样的眼光下，仍然拒绝恋爱，拒绝相亲。

后来不知道从哪天起，脑子里的念头突然像太阳从西方升起，非常诡异，田佳佳开始同意相亲。但凡和沈航神似的或者声音像的相亲对象，她就会去约会，甚至很主动。

## 2

其实田佳佳当然知道自己缺失在哪里。

满世界都在上演的青春剧，女主角从来不会是她们，因为她们不够漂亮，成绩平凡，此外，还有些胖。

铺天盖地遭到抨击的让人痛彻心扉的虐恋，其实对她们来说也是奢侈品，像她，即便想品尝苦涩，那也是没有的。

她埋怨自己命运不济，即便想找个替代品，找个神似沈航的人都不能如意，因为事实上，这世上说到底没有一模一样的两个人，每个人都是唯一，不可复制。

所以，她还是辞退了那几个赝品，继续一个人在荒野里跋涉。

那之后的某一天，田佳佳突然得到一个消息，一年后，公司将派一个项目组去苏州拓展业务，而她，正是这项目组的成员之一。苏州，那是沈航生活的城市，那是不是意味着，或许她会和他有一次浪漫的邂逅，即便是一次毫无意义的邂逅，哪怕是远远地看他一眼，可是那是他的城，她可以和他在同一片天空下呼吸，看同一片云，听同一场雨。

莫大的幸福。

那么，被巨大的幸福感召，她决定要做点什么，来迎接这盛大的新生活。

她欣喜地开始了减肥计划，她有了闲情逸致，她想起多年前，自己还差点成了绘画天才。她开始在微博上发很多有趣的画作。

没过多久，她惊讶地发现，不知道从哪天开始，她的微博开始涨了很多粉丝，她的那些涂鸦之作，被很多人喜欢和转发。

更让她惊讶的是，没过多久，她收到了陌生人的私信，是一家杂志的编辑来约画稿。那编辑私信里还叫她"佳佳女神"。

她感到了某种力量的召唤，她的命运之门正在一点点被开启，她的新生活真的开始了。

很快，又有多家公众号的编辑来订画稿，她的名字开始出现在大众视野。

狂喜中夹杂着忐忑，这前所未有的震撼让她清醒，催她前行。为了加强自己的基本功，她报了一些绘画课程，变得勤奋。

那个慧眼识才的编辑叫曲嘉木，不断跟她约稿，每次画作的期限却越来越短，就像好不容易找到了货源，想全部拿走，他甚至连好朋友的杂志配图都想让女孩包了。不过稿酬蛮高的，所以她即便累点，也很愿意去完成。

## 3

田佳佳同意和曲嘉木见面是因为曲嘉木说有一个惊喜给她，是十万火急的事情找她，需要面谈。

他没说谎。

但是，其实是两个惊喜。

第一个惊喜是，神通广大的曲嘉木说准备给她出版一本画册，来感谢她长久以来的帮助。而第二个惊喜是，她发现，她喜欢上了他。这种喜欢正在蔓延和滋长，并且，似乎不可遏制。

她才发现，不知何时，那个心中的沈航已经渐渐淡出她的视线。那一刻，她只想知道，曲嘉木对她是不是有一点喜欢。

曲嘉木那天还说了一个请求，可否在画册里画一个系列故事，一个男生爱上了一个很会画画的姑娘，他每天都在睡前端坐在桌前，铺一张白纸，像模像样地拿起画笔，凭想象画那姑娘的模样。他为了能留住那姑娘在身边，长久地约稿，其实，只是想约一颗心。那姑娘长得跟那颗心一样纯洁。

田佳佳那一刻突然想起席慕蓉的那句诗来：我已亭亭，无忧亦无惧。

曲嘉木还挺大方，后来陪她一起去看沈航的演讲，悄悄问她："怎么样，他跟我比如何？"

她说："没法比。你才是我心中的英雄。"

成长的岁月里，时有阴霾，偶有暴雨，可不变的是那骄傲的心和不屈的努力，生命的阴影正是奋斗的方向。天会破晓，光明会来，向阳生长，他终将抵达彼岸。

# 向阳生长，
## 是你生命的主旋律

### *1*

2014 年上演的电影《一生一世》让人有很多感怀，可是印在心里抹不去的是那个高圆圆穿着白衬衫骑着单车的细节。

忽然就让人想到白衣飘飘的少年时代。

晨风习习，阳光斑驳，一袭白衣在学校的操场上乍现。推门而入，带着恬淡的青青草香，他从光晕深处而来，如挺拔的香樟，有着清秀的轮廓和深邃的眼眸，寡言又冷然，他不经意地望你一眼，你便觉得整个世界都立刻沸腾起来。

所有的女孩子都曾恋慕一个白衣少年，米薏的白衬衫情结便从第一次看见穆乘风开始，伴随她很多年。

　　穆乘风是转校生，同学们都在学校允许不穿校服的日子里换上色彩斑斓、款式时尚的衣服，可是他永远只是一件白衬衫，棉布质地，样式简单，穿在他的身上，却比其他任何男生的高档衣服都要好看，清爽而纯粹，遗世而独立，加之他清冷的气质，更显得空灵脱俗。

　　穆乘风很少跟大家混在一起，只是安静地看书、学习，两耳不闻窗外事，很快便稳坐年级前三。

　　穆乘风在所有人眼里就是那个特立独行的人，也变得高高在上。当然会引来很多猜疑，他一定是有背景，才能在高二转学到重点学校重点班级，看他那对大家不屑的样子，他爸爸要么位高权重，要么千万身家。

　　所以，一直喜欢穆乘风的米薏只能仰望这位白衣少年。

　　可是米薏忍不住要靠近他，像间谍一样时刻暗中关注他。很快，米薏发现了一件很奇怪的事情。

　　在某个清晨，米薏发现穆乘风的衬衫的背部白色深浅不一，琢磨了半天，想起昨天放学的时候下起大雨，他该不是衬衫弄脏了，洗了还没干就又穿来上学了吧？就这么喜欢这件衬衫？都舍不得换下去？

　　穆乘风病了，米薏自告奋勇，跟老师说，给他去送试卷。米薏压抑着兴奋给他打电话，他沉默良久之后说："我到沃尔玛超市门口等你。"米薏到了沃尔玛超市，穆乘风却说他家还有一段距离，并没有邀请她去家里坐坐。米薏顶着烈日跑了好远，好不容易找到这里，迎来的仍然是他冰冷的不理不睬。米薏看着他的白衬衫越走越远，委屈得哭了，可是当那背影渐渐变小，她又悄悄追上去，她很想知道他的家在哪里，就仿佛多知道一点，她就和他近了一点距离。

米薏远远地跟在后边，一路跟着穆乘风走进了逼仄小巷，她开始怀疑穆乘风该不是猜到她在后边，所以故意走进别处。可是穆乘风继续向前走，没有什么豪宅私邸，而是在一座很破旧的楼前终于停住了脚步，楼门前，一位老爷爷戴着老花镜在修理自行车。穆乘风对他说："爷爷，我回来了。"老爷爷说："快去休息，还病着呢！"

米薏愣在那里好一会儿，突然醒悟过来，悄悄地转身跑远。

## 2

原来，穆乘风的特立独行是因为他有苦衷，他没有位高权重的爸爸，他很小的时候，他的爸爸妈妈在一次意外事故中便已丧生，他只和爷爷相依为命。他只穿白衬衫，是因为他只有那一件白衬衫；他能来重点校重点班上学，是因为国家的特殊照顾。

所以，穆乘风从来不和同学打闹玩耍，不是高高在上，而是因为他必须勤奋，家境的困顿让他很早就懂得一切来得不容易。他不肯邀请米蕙来家里，那是因为他不想让同学看到他破败的一面，他要保持一颗骄傲的灵魂。

米蕙没有公开这个秘密，也没再要求去他家里，只是心里有种情绪在不断滋长。"加油。"她常常对穆乘风说。

穆乘风不辱使命，成了当年全城高考状元，他的成绩远远超过了北大、清华的录取分数线，可是他报考了一所航空军事学院。所有老师和同学都替他惋惜，只有米蕙明白其中隐情，因为，军校不需要交学费，他不能再给年迈的爷爷增添负担。穆乘风唇边淡然的微笑里，包含着许多同龄人看不懂的沧桑。

军事学院毕业的时候，很多同学家世显赫，都用了重金，动用了关系，找到相当好的单位。穆乘风只能靠自己的力量，所幸在很多同学都已经有归属之后，还有两家很好的单位来补录，负责人看到穆乘风的成绩单，毫不犹豫选了他。

当白衬衫变成绿军装，这是一个时代的终结，可是奋斗从未曾停歇。在别人悠闲地度日，享受成功的时候，他已经考上研究生，一边工作一边读研，还要抽出时间去肯德基打工。

3

米蕙和穆乘风的爱情并不顺利。米蕙的父母是名门望族，公主怎能下嫁平民？所以对穆乘风多有不满。穆乘风一身傲骨，不能容忍米蕙父母的冷眼和不屑，和米蕙相恋一年后，便提出分手。米薏情殇已深，只身去了美国。

三年后的一个秋日，在美国纽约，米薏作为某品牌公司的主管，拿着资料走进会议室，却发现国内合作的某知名上市公司派来洽谈的总监居然是曾经的恋人。

三年时间，他已经成为某上市公司的策划总监，而不再是那个每天打工到很晚，奔跑在学校和肯德基之间穷困潦倒的研究生。

他不再只有一件白衬衫，不再只有军装，他的衣柜里有了很多高品位的衬衫、领带、西装、商务装。可是他仍然是那个穿白衬衫的倔强少年，那个只肯把自己最好的一面展现给别人的少年。生活的艰辛他从未抱怨，他也从未停歇过自己的努力和奋斗，为了生存，为了更优雅地存在。

从小到大，生活没有给予他很多甘甜，他很小便体味到很多同龄人不知的苦楚。他没有父母的宠爱可以炫耀，不可以像别的小朋友那样随便让爷爷给他买喜欢的衣服、鞋子，甚至买零食，因为就连学习的书本、笔墨都是爷爷辛苦劳动，省了又省，攒了又攒才换来的。他没有下过饭店，没有去旅游过，开学之初，同学们炫耀自己假期的狂欢，他只能沉默。

他只有一件白衬衫，却仍然穿出傲骨，他的衬衫永远整洁清爽，脏了就自己洗干净，不沾染一点污渍。这衬衫如同他的灵魂，洁白高雅，冷静傲然地立于世界。

他没有向生活妥协，一直在奔跑，在前行。而一个总是整装待发的战士，总会战无不胜。

　　成长的岁月里，没有富足，没有优越，他的青春少了些色彩，多了些沉默。时有阴霾，偶有暴雨，可不变的是他骄傲的心和不屈的努力，生命的阴影正是奋斗的方向。天会破晓，光明会来，向阳生长，他终将抵达彼岸。

　　人生艰难，没有关系，心中有光，必会闪亮。

从 1 到 100，都需要一段距离，别人也是一样曾经从 1 走到 100 那里。所以，对自己公平一点，留一段时间给自己去成长。如此，不懈努力，待羽翼丰满，才更能经风历雨，创造奇迹。

# 留一段成长的时间给自己

## 1

俄罗斯在陈如昔心里一直是神圣而浪漫的存在。无论是普希金、莱蒙托夫、茹科夫斯基的浪漫主义，还是柴可夫斯基不朽的乐章，抑或是伟大的十月革命在全世界立下的丰功伟绩，陈如昔每每讲起，都带着无限向往和敬意。

可是那是曾经，那是从前。

从亚历山大踏入公司，陈如昔就不再喜欢俄罗斯的点点滴滴，甚至托尔斯泰的《战争与和平》也让他心生敌意。因为亚历山大在某种意义上就代表着整个俄罗斯，至少让他觉得，俄罗斯没那么亲切，单单是俄语那个颤音就足够让人崩溃。

半年多以来，陈如昔一直处于崩溃的边缘。

陈如昔的家世实在是让人艳羡，家族里人人都在各领域有惊人的成就。也恰恰因为家世实在太好，他很有压力。因为，他的父母自然会拿他和家族里的同辈兄弟姊妹攀比。

所幸陈如昔是个乖顺争气的孩子，从小到大都是兄弟姊妹中的佼佼者。小学三年级连续跳两级，永远是优等生，喜欢画画、游泳和围棋，兴趣广泛，不论是奥数还是讲演，各种竞赛都能拿到好成绩。一路成长，一路带着耀眼的光环，走到哪里都是传奇。

或许是学业太过顺利，好运已经被他消耗殆尽，工作以后，忽然好运就不再眷顾他。

好不容易进入世界 500 强企业，却发现这里人才济济。从前他永远是第一，而今他离那个第一的位置尚有距离。他发现有好多事需要学习，完全不如学生时代的 ABC 那么简单。

挫折来自四面八方，失败总是出其不意。比如，他的策划案距客户要求还有一些差距，因为没有最大限度体现出商业利益。比如，要学会忍受老板突然而至的坏脾气，刚刚做好的方案毫无征兆就被推翻，做了许久的项目莫名就被取消，抹杀了他好不容易取得的业绩。

还有来自父母对于感情上的压力。最近他们常常跟他念叨，他的表弟已经快结婚，还有那些七大姑八大姨家的小表妹也找到了好女婿。

陈如昔越来越发现自己很不争气，从未有过的挫败和自责在心里草一般疯长。失眠、多梦，掉头发，甚至去医院检查，医生的诊断是思虑过度，中度神经衰弱。

本来不想让父母忧虑，母亲大人在收拾房间的时候，却无意中看到了他包里的医生诊断，顿时惶恐，当成了不治之症，泪沾衣襟："儿子，你这是怎么了？不要吓唬我和你爸爸，我们老了，经不起你这么吓的。"

陈如昔只剩忏悔，骂自己没用。

## 2

似乎好运一旦走失，就会倒霉到底。

煎熬中的陈如昔被调到了一个新的中俄合作项目组，对方单位和他对接的是一个大胡子俄罗斯人，叫亚历山大·彼得洛维奇·斯捷潘。听这复杂的名字，陈如昔就觉得要晕过去，这下真的压力山大。这个俄罗斯大胡子的汉语实在很烂，而身为主要业务负责人，陈如昔的俄语也只停留在问候的水准。可是因为是长期合作，公司不打算配备专业翻译，他的上司只是意味深长地拍了拍他的肩膀："加油，年轻人！"

所幸这位俄罗斯大胡子英语很不错，陈如昔终于找到和他沟通的桥梁，如释重负。可是这大胡子要求还很多，比如，今天需要书面通知，明天又需要对某个产品的详细介绍，后天又要拿到最近一周项目进度报告。当然，全英文，或者汉俄对照，因为他是要拿给他的团队。

所以，陈如昔怎能不噩梦连连？

显而易见，外语成了他需要攻克的难关。万万没想到，在已经通过大学英语四级考试几年之后，又要重新背起单词，学起语法，并且，还要啃那无比晦涩的俄语。

陈如昔百般不愿地又踏入了著名的外语培训学校。上次在这里学习，距今已经有 6 年之久。所以，真不知道自己这是人生的进步还是倒退。

陈如昔变得非常焦虑，他很急躁，因为成绩微小，因为对自己很不满意。

他犯错的频率不断增加，终于在年底的时候，和优秀员工的光荣称号失之交臂。

<u>3</u>

新年到来，大家都期盼有好的开端，可是陈如昔的开端是，他被调离了那个项目组，因为那个大胡子跟老板申请，将负责人换成于小荷。

陈如昔备受打击，并且第一次坏心眼地想：该不是他们之间有私情，大胡子看上了那个于小荷？那么，这么重大的项目如果仅仅因为美色而动摇了战斗力，实在是很滑稽。

于小荷比他来得还晚，完全新人一个，却替代了他的重要工作，让他如何能服气？

　　他在第一次公司聚会便喝得有点多，在酒精的作用下，他悲壮地唱了一曲，之后，便红了眼眶。他的人生越来越迷茫，他如一只陀螺，永远旋转，从未停歇，为什么如此努力，还不能让自己满意，不能让周围的人满意？

　　这样的人生究竟还有什么意义？

　　他拿起酒瓶，仰面就要一口喝下去，旁边的吴叔拿开他的酒瓶，带他去休息。吴叔语重心长地说："如昔，你很棒，不要对自己太过苛刻，你不必着急，慢慢努力，很多事需要时间，才会有成绩。我知道你对于小荷替代了你的职务耿耿于怀，可是你知道吗？她在中学时代随姨妈在俄罗斯生活过6年，后来才回到国内上大学，学的是广告策划，所以她有俄罗斯式的思维，和亚历山大交流起来毫不费力，她做这个项目你觉得是不是很合适？她代替你的职务，并不能说明你不够优秀。你只是需要时间，慢慢努力。"

　　那一天的酒喝得很多，可是第二天清晨醒来，陈如昔却感觉到脑海中久违的清醒和轻松，仿佛雷鸣暴雨过后，遥远的天际出现了彩虹。

　　他终于想通。

　　长久以来，他都是按照别人的节奏在要求自己，却忘了给自己一点时间去成长。这是多么重要的问题，心态和努力的合力才决定成绩。

看到别人成功了，看到自己还在跋涉，没有成绩，未必要狠狠责骂自己，毕竟，他的成功也是经过长久的努力才最终取得成绩的。而你需要公平地对待你自己，让自己有时间成长。毕竟，我们不能要求一个蹒跚学步的小孩去直接冲刺5000米长跑，更不能让一个小学尚未毕业的小孩去迎接高考，获得北大、清华的录取通知书。从1到100，都需要一段距离，别人也是一样曾经从1走到100那里。所以，对自己公平一点，留一段时间给自己去成长。

如此，不懈努力，待羽翼丰满，才更能经风历雨，创造奇迹。

陈如昔经过不懈的努力，口语渐渐提高，在各方面向其他长辈虚心求教，终于在新的岗位上取得了有目共睹的成绩。他终于找到了自己的节奏，光华四溢。

而俄罗斯，重新成为他心中不落的太阳，那个颤音，大胡子说，发音和俄罗斯人一样标准。

# 你足够好，
# 上天才会眷顾你

从梦想到梦想，你是我一路的星光
你曾是我无法企及的梦想
此去关山万里，唯有梦想可栖息
你足够好，上天才会眷顾你
你说以爱之名，我说不要被绑缚的人生
春风十里，义无反顾奔赴你
心有所向，我以星辰缀流光
我不想敷衍爱情，恰如不能敷衍人生
你如晨露，带着黎明的梦想

辑四

从梦想到梦想，路途遥远而漫长，不要总想着会不会成功，"既然选择了远方，便只顾风雨兼程"。一个永远以最美姿态奔赴征程的人终将傲然绽放。

# 从梦想到梦想，
## 你是我一路的星光

### 1

在毕业季之前，她和他并不熟悉。

毕业季又称分手季，她的爱情也随着毕业远去。

那个仲夏，她一个一个地送走了同学，最后自己在宿舍里一边难过落泪一边收拾残局。这时候听见敲门声，她转头向门口望去，门是开着的，那男生有些拘谨，笑着说："你能……借我一下拖把吗？别的宿舍都没人了。"

她后来很感谢那个拖把，因为那个拖把，他打扫完自己的宿舍之后，便回来帮她打扫。女生宿舍狼藉起来居然比男生宿舍还不堪，两人累到瘫软，变成了她感谢他。她煮了一碗阳春面，两个人一起伤春悲秋，泪水做作料，滴进面里，为盛大的青春行告别礼。

那个仲夏，沈小莫和萧逸大概是北京T大剩下的最后两名毕业生。同学们都各奔东西，大都回了家乡或者南下去了广州、深圳，留在北京的寥寥无几，萧逸是保送留校读研，而沈小莫则加入了浩浩荡荡的北漂大军。

留下来是因为对北京仍有无限眷恋，留下来是因为还有梦想。

萧逸的境遇比较好，一边读研，一边兼职为一家大公司写代码。而沈小莫的境遇比较艰难，她想做一名电视台主播，可是她是外语专业毕业，而非中文专业。所以，投过的简历如石沉大海，两个月，一无所获。

雪上加霜的是，在一个大风天过街的时候，沈小莫被一辆要拐弯的摩托车撞倒，所幸摩托车速度不算太快，她只是伤了右腿。那摩托车主吓得面如土色，逃逸而去，路人层层围拢过来，沈小莫坐在地上起不来，纯白的裙子被鲜血染成片片艳红。举目无亲，这时候唯一能解救她的只有萧逸。

萧逸在接到电话20分钟之后赶到。他后来一直记得当时沈小莫的眼神，像麋鹿一般孱弱而无助，那白裙子上的点点艳红，触目惊心，是的，不知为什么，他的心骤然疼痛。

沈小莫住院近两个月，右腿被打上石膏，行动不便，萧逸每天都来照顾她，同病房的阿姨总是笑吟吟地看着他俩说，真不错，真不错。

小莫被撞伤的事不知怎么走漏了风声，被家人知道了，在小莫住院的第 11 天，她的堂哥就到了北京来看她。堂哥来看她只是目的之一，还有一个任务便是来施加压力，让她回老家。

可是，小莫看见堂哥那一刻便更坚定了自己的信念，说什么都不会回去。堂哥是有福之人，心宽体胖，肥腻的脸上油油的，那是常年在面馆生活，营养过剩的表现。

沈小莫老家就在九寨沟附近，好山好水好景色，唯一的缺憾就是没有她的梦想。沈小莫的爸爸在当地小有名气，沈家的面馆连锁店已经开到了九寨沟风景区。沈爸爸经常说的一句话就是："小莫，毕业不用在外面吃苦，老爸养得起你。"

可是小莫不敢说，她自从到北京之后，就很少再吃面，她爸爸听到会骂她数典忘祖，可是她一看到"面馆"两个字，就想起老家面馆那些缭绕的热气和人声鼎沸，让她总想躲得远远的，甚至连面也不再喜欢吃。

## 2

小莫腿伤完全康复，已经是两个月之后。

那个秋风乍起的日子，小莫在 58 同城网上收到一家小电台的负责人发来的消息，这家电台需要英语主播，她的简历恰好合适，所以邀请她来应聘，可以兼职，也可以全职。

虽然这个机会和她的梦想并未完全相符，但引起了她的兴趣，所以小莫没有过多考虑，第二天便去应聘，顺利成为电台的主播。电台的规模还比较小，主播不多，所以小莫主播两档节目。一档是以她的专业优势而做的欧美音乐节目；另一档是文化访谈类节目。

欧美音乐节目，她每期都会精心挑选一些最新欧美单曲，介绍相关单曲的背后故事，也会介绍一些乐队和最新音乐风向。而文化访谈类节目，需要每期都去采访一个文化界人士，每一期采访都要花费很大精力，时间上也要随嘉宾的时间而调整，所以经常会牺牲休息时间。

晚上9点半，当很多小城市已经渐渐静谧，人们已经准备休息时，这个时间的北京，却是霓虹璀璨，各大商场刚刚关门，很多大公司刚刚加班完毕，各地铁站和公交站人潮拥挤，不论寒冬酷暑，都有夜归人。沈小莫便经常是这人潮中的一个。

虽然很累，却很开心。

可是生活总有不和谐的音符存在。

第二年的夏末，一个大雨初歇的傍晚，沈小莫做完采访，经过一个长长的巷子，巷子里只有一盏忽明忽暗的路灯，因为大雨刚过，路上行人寥寥，她莫名地感到非常不安。已经快到巷子尽头，然后就是大街，应该就会安全。可是她听到了脚步声，后面快速走来一个男人，那男人穿了一件很长的雨衣，还戴着帽子，小莫感到了恐惧，快步横穿巷子到路的左侧。那男人径直向前走，掠过了小莫。只剩两步就到巷子出口，小莫释然地呼出一口气，却未料那穿雨衣的男人迎面折回来，迅速伸手向她前胸抓来，小莫吓得惊叫，腿已经瘫软。小莫的叫喊声引来路人，那男人逃之夭夭。

小莫握着手机的手都是抖的，声音更是充满恐惧。萧逸停下车，跑到她面前的时候，她一下抱住他，一句话都说不出来。萧逸也不说话，只是抱着惊魂未定的她，紧紧地。

### 3

没过多久，沈小莫再次遭遇危险。

那一晚，她在天桥上，一边走一边打电话，刚刚挂断手机，就被一个迎面走来的男人撞了一下，然后，手机跌落到地上，撞她的那个男人便迅速抢走手机跑远了。小莫追了半天没有追上，站在天桥底下痛哭失声。那是她刚买的最新款苹果手机，非常喜欢。

小莫失魂落魄地回到公寓已经是一个半小时之后，却看见萧逸站在公寓门口，一边来回踱着步，一边烦躁地吸烟。

"你吓死我了，手机怎么关机？"萧逸扔掉烟头，跑过来说。

小莫站在那里无声地哭泣："萧逸，我是不是很没用？

我的新手机丢了。"

"你没把自己丢了就好，明天我给你买个新的。"萧逸抱紧她，忽然说，"小莫，我是不是还没告诉你，我一直很爱你？从你被袭胸的那个晚上，我就决定了，今生都不会让你再受委屈。你要不要再换个工作？你每天早出晚归的，我很担心。"

"可是我喜欢这个工作呀。"小莫轻声说。

"那好，我每天都去接你，不管多远。"萧逸吻住她说。

又一年后，萧逸硕士毕业，顺利进入一家知名品牌企业，而沈小莫的节目已经受到很多年轻人的追捧，她也成为很多人的偶像。她问萧逸："我算不算成功了？"

不久前，她的成功便被印证。一家知名电视台看中了她，邀请她加入，不仅仅是作为主持人，还将作为栏目策划。

自此，沈小莫即将踏上新的寻梦之旅，前方有更多的荆棘和考验，她已整装出发。

据说，每一个成功女人背后都有一个伟大的男人。萧逸算不上伟大，却是让沈小莫无比骄傲的男人。不是因为他的容颜家世，而是因为，他是那个一直陪伴她奔赴梦想的人。

从梦想到梦想，路途遥远而漫长，她没有想过会不会成功，"既然选择了远方，便只顾风雨兼程"。一个永远以最美姿态奔赴征程的人终将傲然绽放。

你曾以为梦想实在遥远，需要跨越千重山的距离，可是当你不懈努力，登高望远，你会发现，梦想从来不是无法企及。

# 你曾是我无法企及的梦想

## 1

第 183 天。

颜夕眯着眼醒来的时候，非常恼火。

那个漂亮得不像话的陈姐完全是一派胡言，就不该听她的忽悠。

半年前，她曾经拍着胸脯说："颜夕，半年之内，只要你做了这个生意，姐保证你会找到一位很优秀的男朋友。"

颜夕向来崇拜事业爱情双丰收的陈姐，就冲这句话，她加入了微商，在学校卖化妆品。还付了陈姐 2000 元代理费，那可是她整整一年的零食钱，现在想想都心疼，当时就那么义无反顾地付给了她。

她认真地计算了时间，半年一共是 183 天。她几乎每天都在掰着指头算时间，昨夜很晚都不肯睡，一直在翘首企盼，可是仍然没有任何奇迹发生。

在过去的 182 天里，她期待过太多次的偶遇擦肩，可是真是所谓茫茫人海，不知哪一个才是那个对的人。

第 183 天，最后一天，估计也不会有什么奇遇了。颜夕愤懑地抓起手机，便看到了通信录上有人要求加好友。

这已经是再平常不过的事了，自从做了微商，她的微信好友经常都达到上限 5000，她经常会不得已删除一些，以便新来的人加进来。

她慵懒地点开了通信录，便看到了一个无比熟悉的名字：任轩。

她一下子坐了起来。

天哪，怎么会是他？她代理的是化妆品，他要买？当然是买给女性了……当然是买给女朋友了……

一向数理化不灵光的脑子此刻转得很快，迅速推导出了她不想看到的结果。她要哭了。

这个该死的陈姐，大骗子。颜夕在心里又咒骂了一遍漂亮无比的陈姐。

犹豫再三，颜夕还是加了任轩为好友。

## 2

如果有人问颜夕最大的梦想是什么，她的回答一定是有一天可以环游世界。其实那不过是遮人耳目的所谓官方回答，环游世界之后，落地在巴黎才是真正的梦想，因为巴黎不仅仅是一座浪漫的城市，不远的将来，她一直喜欢的那个人将在那里生活。

那个人便是任轩。

可是这个美丽的梦想实在有点遥远，就如同F城到巴黎的距离，要经过万水千山、高山湖泊，还有遥无边际的太平洋。

任轩大概到现在都不知道颜夕的心思，他是那么特殊的一个存在，全校的女生都趋之若鹜，而颜夕既没有模特儿的高挑身材，也没有赛西施的娇媚容颜，更没有其他吸睛武器，所以，他怎么会知道她的想法呢？她只不过是他的隔壁班同学，仅此而已。

任轩便是传说中的男神。

良好的家世造就了不凡的气质，加之他傲人的成绩单以及他的才华四溢，真的是到哪儿都挡不住光华灼灼。

所以，颜夕无数次地想象过，他变身明星走在红毯上，被无数尖叫声淹没的情景。所以，他受女生追捧，这是一件不能再平常的事了。

所以，颜夕喜欢他也是无可厚非的。

和男神的第一次交集是在那年的运动会上。她并没有报什么比赛项目，她只打算一边看看小说一边看看热闹。太阳很厉害，她戴着墨镜躲在伞下翻小说，那本小说实在是太狗血了，她失去了兴趣，抬眼便在赛场上看到了任轩胸前戴着裁判员的标签跑步经过，她对赛场立刻有了兴趣。

任轩是田径裁判员，他的位置离颜夕的位置很近，颜夕恰好看得见他的举手投足，忙忙碌碌。本来是没颜夕什么事的，可是到了3000米长跑，班级里原来参赛的女孩因为连续参加了好几个项目突然中暑，不能跑了，任轩焦急地跑过来问："有没有人能替下这个项目？"看任轩一脸期待，颜夕便毫不犹豫地站起身，说："我来！"

还好，不算丢人，她得了个第五名。不过，对于鲜有运动的她来说，真的已经竭尽全力了。名次不重要，重要的是，这算不算帮男神解除了燃眉之急？

不论男神记不记得住她，反正她对自己很满意。

她一直记得当时和男神一起在众目睽睽之下，在橡胶跑道上的奔跑，还有当她冲刺的时候，男神眼中的鼓励和欣慰。至少，在那一刻，他们的心曾奔向同一个目的地。

第二次和男神交集，是在师范大学联合大学生辩论赛上，没有想到，中场休息的时候，一辩手突然腹痛不止，大概是因为过于紧张导致了胃痉挛，不能继续上场，所以作为二辩手的颜夕便紧急接替了一辩手。形势所迫，根本不容许她有半点思考，整场下来，她的额头布满细密的汗珠。经过他们

4个人同心协力，顺利拿下了那场辩论赛的冠军。颜夕心里一直狂喜，要知道之前任轩都没跟他们对过策略，只跟一辩手对过。并且，看起来男神相当满意，还跟她击掌庆贺了呢。

所以，非常神奇，每次见到任轩，似乎颜夕的存在都只是为了替补，在爱情里，替补队员的别称大家都知道，叫备胎。可是，她才不想当备胎。

### 3

然而，听说任轩是有女友的。是啊，这么优秀的男生，怎么会没有女生追？

此刻，他来找她买化妆品就更证实了这一猜测。

颜夕看着微信上他的头像发愣，敲了个笑脸又删除，又写了个Hello，还没写完，任轩的消息过来了，一个笑脸，外加4个字：颜夕，你好。

颜夕删了那个写了一半的Hello，便不慌不忙去洗漱了，20分钟后，才矜持地回了两个字：你好。

任轩非常耐心地问了几款化妆品的详情，买了几张面膜，还拿了一整套敏感肌肤的化妆品。颜夕对着手机屏幕撇撇嘴：敏感肌肤，娇气！

没几天，任轩发消息给颜夕说，化妆品效果非常好，要继续买面膜和护发素，还问是不是需要买家秀。颜夕犹豫了片刻，便说好，正好可以看看他女友的真面目。任轩很快便发来几张女孩贴面膜的照片，颜夕一边看一边泄气，哦，她的皮肤真的好好，还有她也好漂亮啊，从发梢到发尾，都散发着满满的青春味道。

颜夕差点崩溃。她后悔加他好友了，她才不想看见他的什么女友，想想心里就刺痛。

颜夕恰好和伟大的党同一天生日，这一天普天同庆，可是通常她都是一个人。因为同学们在难得的假日都回家了，她不想回那个家，不想看到爸爸和那个女人甜蜜蜜。每到这一天，她都会非常想念过世的妈妈，不知道这么多年她一个人在那边好不好？会不会孤单？

又到了这一天。

颜夕一个人在宿舍里看着妈妈从前的照片落泪，便听到了敲门声。

她半信半疑地问："谁？"

"是我，夕夕。"

居然是任轩！

颜夕愣了片刻又问："你……有事吗？"

"不请我进来吗，夕夕？"

颜夕张着嘴巴又愣了片刻，然后火速冲向卫生间，扭开水龙头，胡乱洗了脸，匆忙涂了乳液，又省略了六七道程序，直接擦了 CC 霜，迅速画了眼影，擦了口红，这才深吸一口气，跑去开了门。

"Happy Birthday，夕夕！"

声音充满磁性，那几个字是她听过的最美的语言。

任轩就站在门口，被一大束鲜花覆盖住半边脸，可是眼中的笑容却比鲜花更明媚。颜夕呆了呆才说："你……怎么知道我今天过生日的？"

"仍然不请我进来吗，颜夕同学？"他佯装愠怒。颜夕笑了，让他进来，才发现，他手里还提着一个很大的蛋糕。

"哇！这么大的蛋糕啊！"颜夕同学贪吃的本相还是露馅了。

## <u>4</u>

当任轩对颜夕表白说"我爱你"时，颜夕差点儿沦陷在他深邃的眼中。在千钧一发之际，颜夕想起那个买家秀，便说："任轩同学，我记得你有个很漂亮的女朋友。你知道，我是个很有原则的人。"

任轩愣了一下，便笑了："夕夕，她不是我的女朋友，她是我的亲妹妹。"

"可是任轩同学，我不知道你为什么会爱上我，是因为我帮你妹妹治好了敏感肌肤？"

"颜夕，你难道不知道自己有多出众吗？你有让人心疼的身世，却顽强生长，从不妥协。你总是勇敢地迎难而上，不计付出。你宁肯自己做微商赚钱，自食其力，也不想拿你爸爸的钱。你一直在做兼职，为了自己高傲地存在。你的身上，满满的光华，让人无法不注视。我第一次见到你，就喜欢上你了。"

"原来你知道那么多？"颜夕很诧异。

不过，还有一个小秘密是他不知道的，那就是，她做微商的目的不纯。当初陈姐对她说："颜夕，相信我，做微商你会成功的。"陈姐说的另一半话是："半年之内，你会找到你的男朋友的。"

嘿嘿，果然这两条都成功了。

颜夕给陈姐发了一个100元的红包，并发了一条短信：姐，你的话真灵验了，你可以去给人算命了。

你曾以为梦想实在遥远，需要跨越千重山的距离，可是当你不懈努力，登高望远，你会发现，梦想从来不是无法企及。

欲达高峰，必忍其痛；欲予动容，必入其中；
欲安思命，必避其凶；欲情难纵，必舍其空；
欲心若怡，必展其宏；欲想成功，必有其梦；
欲戴王冠，必承其重。

# 此去关山万里，
## 唯有梦想可栖息

### 1

失恋第 20 天。

梦里醒来，天色还早，透过薄薄的窗帘，叶清甜看着晨曦一点点到来，天空从湛蓝一丝丝变得绯红，再变成金色。她最近常常做梦，梦见久违的山庄，梦见久别的家人。她鼻子一酸，大概是该回去了。

她已经出来太久。从高中毕业考上大学离开家，大学毕业之后，跟男友一块儿来到广州，住地下室，到处打拼，一个做广告设计的小白领，做着辛劳无比的工作，挣着微薄不堪的薪水，每天挤在钢筋混凝土的夹缝里，穿梭在拥挤不堪的地铁、公交车上。以为收获了一份天长地久的爱情，可以支撑她每天辛苦地跋涉和奋斗，可是未料，这份4年之久的深厚情谊最终没能抵过一个光鲜的诱惑，他选择了和公司董事长的女儿订婚。

所以，叶清甜似乎是时候和这里的一切说再见了。

实在是有些疲惫不堪，爸爸的电话催了无数次："你已经奔三了，还在外面折腾什么？再不回来，该是你的都不是你的了。"于是，趁着假期，她踏上回乡的路。

## 2

家乡承载着太多美好。

那个山雾缭绕的小镇，处处都有她成长的记忆，青石台阶，黛瓦红墙，小时候的清甜就穿着漂亮的背带裙在那长长的石阶上跳来跳去，忽而上方的天空呼啦啦飞过一群鸽子，清甜仰起头，望着澄明的天空和欢快的鸽子，也笑得酣畅，似乎从来都没有阴霾。

少年时代的叶清甜心底最美好的便是那个清俊的身影，那男孩展颜一笑，仿佛山间的泉水都立刻变得甘甜。

那男孩是小镇上唯一修表的程师傅的儿子，程锐十几岁就已经长得很高，白净秀雅，引来小镇上的阿姑阿婆纷纷注目，都想为自家的女儿提前预约婚事。可是遗憾的是程锐五六岁的时候就已经和一个小女孩订了婚约，这个幸运的女孩便是叶清甜。清甜很小的时候，程师傅就喜欢她，他说，这女娃一看就机灵，将来一定错不了。大人间的玩笑话并没有人真的很认真，但是少年时代的两个孩子心上都烙上了印记。

小镇位于山间河畔，经济并不发达，甚至有些落后，所以清甜小时候，程师傅修表成了当时最时尚的工作，而学习成绩平庸的程锐很早就舍弃学业接了爸爸的班，成了年轻的小程师傅也是令人羡慕的。叶清甜是小镇上唯一考学出去的女孩子，也一直让叶爸爸引以为傲。只是，清甜毕竟是女孩子，在外飘了这么久，仍然孤身一人，父母免不了要焦虑担心："在外边怎么比得上家里呢？虽然家里清苦些，但是程锐一直等你呢！"

大概时间实在是太久，清甜甚至已经记不清程锐的样子了，只依稀记得他的笑容。或许，爸爸说得对，家乡的一切才是最好的。安全、妥帖，似乎连家乡的风都轻柔得那么善解人意。

## 3

叶清甜回到小镇的那天已经是深夜，一路上的交通工具，从火车到汽车，再到小木船，舟车劳顿，已经没有体力去重温小镇的夜色。

第二天一早醒来，天光已经大亮。她匆匆起来去了小镇。小镇仍然是山清水秀，可是印象中的古朴却多了很多黯淡，从前的石板路、小木桥、小石亭都未曾改变，只是比记忆里又多了许多年岁月的洗礼。镇上从前的房屋都没有变，还是从前的排列顺序，还是从前的高度，只是偶尔看到有几幢高楼在众多矮建筑中已经俨然如同摩天巨柱。清甜的心里一点一点往下沉，终于脚步停在那个钟表店前。

　　钟表店还是和从前一样，厚重的褐色木门已经掉了漆，日光斑驳，从高大的树木中透射下来，照在木门上，使得木门的颜色更变得深浅不一。透过窗子望进去，里面有两个大的橱柜，陈列着各种各样的钟表，钟表大都是需要修理的，所以表针很多都是停滞着，只有很少一部分在嘀嗒行走。

　　阳光也照进了屋里面，正照在橱柜后面那张椅子上，清甜恍惚看见了从前的那个面容，在太阳照射下漾出灿烂的笑容，他的前面是嘀嗒嘀嗒走动的秒针，可是他倏然就不见了，只剩下那张表皮破掉的椅子和橱柜里表针停滞的钟表，蒙着岁月厚厚的尘埃。

　　清甜叹息一声，转身要离去，却迎上一张久违的面孔。

　　那张白净的面孔因为经年在室内而变得更加苍白和缺少光彩，平和的双眼露出一些惊喜："清甜，你回来了！快进来坐！"他殷勤地快速打开门，清甜却愣了一下，说："好久不见，程锐哥，我回来度假。你还是老样子，很不错。我还有事，先回了，有时间去我家玩吧。"

程锐困惑地看着那个娇俏的背影渐渐走远，他不明白，清甜既然来了，怎么都不进去坐坐？

他不知道，清甜在看见他的那一刹那就已经做出了决定。

### 4

这个从前养育了她的小镇，仍然古朴宁静，可是它太宁静了，宁静得不去追赶世界的脚步，还停留在从前的岁月里。这个世界不知道互联网已经铺天盖地，不知道奥巴马当上了美国总统，不知道一代球王科比已经退役，当然更不知道马云的淘宝已经成为中国人购买的重要方式以及什么是《中国好声音》，什么是 iPad 平板电脑和自媒体。

这个当年魂牵梦绕的人，从少年到青年，除了样貌改变，他没有一点点的成长。他仍然围于那个钟表店，那个几十平方米的地方，将是他全部的人生。

钟表嘀嗒嘀嗒走动是时光的足迹，可是他眼看着它们从转动走向停滞，走向荒芜，心却不为所动。

这不是清甜向往的人生。她的灵魂早已穿越他的世界，和他相距何止万里？

夜里，清甜辗转反侧，突然很想念广州，不仅是因为那座城市的繁华，更多的是，在那里有她的梦想，那里才是她梦想的安居之所。虽然千辛万苦，可是每一次努力都会有收获，每一次失败也都有所得，每一个绝望的路口，也是她希望的窗口。当晨光熹微，她会看到自己一点一点地向梦想奔跑，尽管旅程很漫长，可是每一个节点，她都看见自己心灵的跃动。朗月清风，浓烟暗雨，她的勇敢，伴她一直前行。

而程锐，只代表她的旧时代，她热爱的是流动的时光，而不是荒芜的光阴。她的梦有多美好，他无从知晓。失恋，并不能成为她退回到旧时代的理由。

欲达高峰，必忍其痛；欲予动容，必入其中；欲安思命，必避其凶；欲情难纵，必舍其空；欲心若怡，必展其宏；欲想成功，必有其梦；欲戴王冠，必承其重。

你抱怨自己不够幸运，抱怨世界不公平，可是如果你从未走出小小牢笼，何来广阔人生？

而相对于那稳稳的安逸，叶清甜选择了一腔孤勇。

只有流过血的手指，才能弹奏出世间的绝唱；只有经历过执着坚守，才能拥有创造天堂的力量。

# 你足够好，
## 上天才会眷顾你

### *1*

天刚蒙蒙亮，我便被手机微信叮叮咚咚的声音吵醒。这微信频发的速度，我闭着眼也知道是谁。

果然，是我的小表妹洛琦。

洛琦已经到了德国，发来的照片上，莱比锡飘着小雪，但掩映不住它的美丽和洛琦的喜悦。

祝贺你，洛琦。我说。

她又发来一个飙泪的表情图和一个大笑的表情图。

是的，她喜极而泣，因为，已经和梦想近距离。

洛琦是钢琴专业毕业。她常常说自己的奋斗史就是一部血泪史。

洛琦从小就显现出与众不同的音乐天分，对音乐有独特的感悟和超乎常人的敏锐。她很幸运，5岁起，便得到了良师指点。可是走上这条艺术之路，质疑和艰辛却是必不可少。

中学以前，洛琦一路顺利，通过了中央音乐学院的钢琴专业八级，可是中学开始，洛琦的成长便有了变化。

在正常的中学校园里，艺术生这个词等同于异类。这群学艺术的学生莫名地就受到别人的轻视。

老师和同学看不到他们身上慑人的熠熠星光。他们看不到，洛琦在寒冬里，天还没亮就起来，猛搓冰冷的小手，让手指灵活，开始练琴。看不到，在酷热难耐的夏日，别的学生在为捍卫偶像形象而在网上论战拼杀，而洛琦苦苦练琴到汗流浃背甚至中暑。他们当然也看不到，大年三十，全国都在举家欢腾，庆贺新年，洛琦和父母还奔波在考学的火车上，紧张地准备即将到来的大考。

她失去的，不仅仅是年夜饭的温馨，还有很多，很多。

每年都能在新闻里看到艺考学生熙熙攘攘，每次看到这种镜头，我都会红了眼眶。因为，我太了解这壮观场景背后的辛酸，每一个考生，都如我的表妹般让人心疼。

所幸，彼时，我的表妹以专业课第一名、文化课第一名的优异成绩考入理想的艺术院校。她离她的梦想近了一步。可是，仍然不轻松。

别的学生进入大学就觉得进入了天堂，缺课是常态。可是洛琦深知父母的艰辛，在大学四年，她修完了音乐系所有的选修课，并且旁听了多门相关的专业课，为自己做了很好的知识储备，提升了专业水平。而从大三起，她已经不再拿父母的钱，自己做家教来支撑自己的学业。

她说，看到父母付出了那么多，她心有惭愧。

艺术院校从来不缺女神，可是洛琦却是当年的一号神秘女神。别的学生都常去喝酒嗨歌，可这种事情，从来找不到洛琦的身影。倒是她的琴房，永远有琴声。

她的老师说，洛琦是她教学二十几年来，教过的最出色的学生。

可这最出色几个字，洛琦不仅仅是以自己超强的领悟力得来的，更是用自己弹破手指的艰辛换来的。

于是，洛琦获得了留校的殊荣。当年只有一个名额。

工作以后，她一边教课一边学习德语，希望将来能有机会去德国，去贝多芬的故乡感受音乐的神圣和豪迈。

机会总是给有准备的人，或者老天眷顾这个从未放弃努力的女孩。在 2016 年年初，他们学院和德国莱比锡音乐学院共同创办了中德艺术交流中心。她因为专业能力强，又已经拥有一口标准的德语，所以，荣幸地成为交流中心派往德国莱比锡音乐学院的第一人。

照片上的洛琦脸上洋溢着幸福的光芒，那是苦尽甘来后的喜悦和满足。此前，我已经听过洛琦三场音乐会，每一场，都令人震撼。相信不久，就会听到她下一场更高水准的音乐会。

洛琦常常让我感受到一种生命的勃勃力量。她有梦想，也勇于追逐梦想。

## 2

可是，也不是所有人都像洛琦这样勇于追逐梦想。

不久前，我参加一位朋友在新别墅开的 Party，无意间看到在大厅的角落里挂着两幅山水画，在 Party 的浮华之中独显清爽和高贵。

我于是问，那是收藏的哪位名家之作呀？

朋友羞涩一笑，说，是自己从前的画作，一直没舍得丢掉。

我惊讶地问："原来你有这么深的造诣！为什么没有坚持下去？"

他说，从前也做过画家梦，可是，实现起来太艰难了。一个不知名的画家，等待他的只有赤贫。他害怕那种赤贫的生活，想都不敢想。

所以，他后来便收起画板，不再画画。在他爸爸的护佑下，他一路顺风顺水，很轻松地就大学毕业，进了金融系统，有份人人羡慕的好工作，又有很多女孩趋之若鹜。

可是他常常觉得沮丧和空虚，他做的事情自己一点儿都不喜欢。他拥有地位，拥有财富，拥有很多，却独独缺失了梦想。

他现在已经画不出从前的水平，初中时代的画作就已经成为他如今最高的艺术水准。

一种才华的培养和积淀需要天长日久，可是摧毁它却只需一夕之间。

他也曾背起画板，背起梦想，在山间水畔，用画笔勾勒美好。可是，这条路上千军万马，不啻沙场征战。那小小的画笔，分明就是长刀短剑，胜负不在须臾落墨之间，而在轻描淡写暮暮又朝朝。

我无权去干涉别人的人生，但是，看到某种才华的陨落，却会感到遗憾和惋惜。

<u>3</u>

洛琦常常会让我想到舞蹈家杨丽萍。

杨丽萍的艺术生涯是一段传奇。杨丽萍出生在云南大理的偏远山区，舞蹈是当地少数民族生活的一部分。杨丽萍一向从大自然中寻找舞蹈的灵感。

杨澜问杨丽萍在从事舞蹈艺术的 30 年中可曾有过苦闷倦怠的时期，她很干脆地回答："没有苦闷过，没有倦怠过。"她说："什么东西都很眷顾我，结果总是很好。"

因为内心的充盈，因为对梦想的执着，所以，对她来说，结果总是很好。

我们生活在一个最好的时代，也生活在一个最坏的时代。

最好，是因为机会无限多。

最坏，是因为到处人才拥挤。

可是，你要足够好，上天才会眷顾你。

泰戈尔说：只有流过血的手指，才能弹奏出世间的绝唱；只有经历过执着坚守，才能拥有创造天堂的力量。

我仿佛又看到洛琦在寒冬里逆风前行，却一脸明媚和春光。

琴声铿锵，洛琦，你终会成功。

I do believe！

心灵的丰硕要靠自身来体味，只有足够快乐和积极的生活，心灵才会丰盈和幸福。而快乐的源泉，那必是执着于某种源自内心深处的热爱和向往。有多向往，就会有多大的动力，就会有多大比例的快乐。

# 你说以爱之名，
## 我说不要被绑缚的人生

<u>1</u>

贾依依出生在一个没落贵族家庭，这是她自己说的。

她没有给我们勾勒过她的家族昌盛时期，我们只知道，她的家族现在在做奢侈品产业。

俗话说，瘦死的骆驼比马大，虽然说贵族没落了，但怎么说那也是贵族，所以，贾依依和我们应该还是有阶级差别的。

贾依依和我们最大的不同之处就是她对总裁文小说的迷恋，她说她会写出中国最好的总裁文来。因为她有总裁爸爸、总裁小叔，甚至总裁表哥做样板。

因为她身份特殊，是没落贵族千金，即便她说出类似她5年之后会嫁给某国王子的话，大家也不会觉得过分，所以，她说会写好总裁文，大家都表示相信。不论是不是真相信，至少，她需要被相信。

不知道从哪一天起，贾依依开始了她的文字之旅。她在某个大型女性网站开始连载总裁文。于是，世界发现新大陆的情景再现，朋友们变成了她的啦啦队，每天负责给她加油打气，外加担任评论员。

贾依依的写作非常顺利，从研一到研二，两年间成绩不菲，写下几百万字总裁文，获得很好的口碑。可是到了研三，这件事不知道谁走漏了风声，贾依依开始遇到阻碍。

按照贾依依的说法，她的贵族家庭有很多规矩因循下来，她有很多事是不被允许去做的。比如，写小说这件事。

当然，父母的反对是有正当理由的，因为这样写下去会损伤身体，因为他们很爱她。

也因为，他们早就为她准备好了非常美好的生活。

她的家人一直希望能将她培养成为世界一流的珠宝设计师，既可以拥有很好的名气，又可以沿袭家族产业。

贾依依曾经带好闺密栗子去过她家的珠宝店，栗子走进去之后便恍如中了魔法，展柜里的每一件贵重的珠宝首饰都熠熠生辉，它们姿态各异，巧夺天工，每一件都在炫耀着它们的高贵，让栗子爱不释手，啧啧赞叹。

栗子说："依依，我想起那句广告词：'钻石恒久远，一颗永相传。'依依，你好幸福啊！"

依依笑笑说："是因为我拥有很多颗钻石吗？"

这句从1951年起流传下来的广告语不知影响了多少人，大多数女子都会对钻石有种莫名的喜爱，都希望一颗钻石真的就代表了爱的永恒。

可是依依不这么想。每次看到一个首饰，她的注意力不是专注于这个钻石的蝴蝶形状是如何雕刻的，而是立刻会天马行空，仿佛看到一个浪漫的故事，让她马上就想写出来。

她无法控制大脑的无限想象，如果不写出来，她想，她会疯掉。

所以，相对于做一个有名气的、雍容华贵的珠宝设计师，她还是喜欢去写她的小说。那是完全不同的人生体验。

可是依依开始被频繁地叫回家里吃饭，频繁地收到短信、微信消息，还有不断传来的令人恐怖的消息。比如，最近某作家因劳累过度猝死；比如，最近某作家版权引起纠纷，导致全民沸腾。

总之，对写作这件事，家里人并不看好，不希望依依走上这条极为艰辛之路。

## 2

可是有些事根本无法阻拦。

依依说："我会保重身体，不会那么累的，但是我不能放弃。"

不久，依依家里的珠宝店有新产品要上市，在此之前要到欧洲去考察，家里人都在忙别的项目，所以妈妈要求她陪同一起去。依依无奈，和妈妈、表姐飞往欧洲。

塞纳河上高远的天空，地中海沿岸的日光浴，普罗旺斯薰衣草花海，不论是哪一处风景都着实让人迷醉，可是依依却心不在焉。从参加各种奢侈品展览会到参加各种Party，每天忙到晚上，依依已经筋疲力尽，卧床便睡着，根本无力再写一个字。

依依既沮丧又难过，在车上一边打盹一边说："要是这么忙下去，我将来恐怕一个字都写不上了。"未料，她妈妈惊喜地说："那太好了！"

依依立刻坐起身，生气地说："你们不能这样啊！"

在欧洲期间，在父亲的安排下，依依还跟一位富商尹董的儿子见了面。尹公子文质彬彬、温文尔雅、丰神俊逸，依依在心里搜索了所有美好的形容词，那些词他大概都能配得上，可是为什么就是一点儿感觉都没有，无论如何，都没有任何兴趣和他攀谈，不论是珠宝、名流，还是八卦。她脑子里只想快点儿结束这难挨的见面。

## 3

回到国内，已经是 20 天之后，依依有堆积如山的任务排着队等候完成。更主要的是，依依的小说有很多粉丝都在催更。

于是，满腹委屈袭来，泪水涌出来。

依依冲进妈妈的卧室，对正在聊天的妈妈和姨妈喊道："你们这是在以道德和爱的名义绑架我的自由知道吗？你们以为给我的是最好的，可是你们给我的却不是我想要的。这完全是两种人生。我不想当什么继承人、设计师，豪门也好，家产也好，我根本不在意。你们给我的这种人生并不能让我快乐和幸福，相反，我有窒息的感觉，如同鱼离开海洋，甚至生无乐趣。我想要的是另外一种人生，尽管在你们看来是艰苦又毫无前途，可是我喜欢，其中的快乐你们无法想象。我并没有想将来会有多么大的成就，我只因为喜欢。为什么要逼我走上你们的轨道？我偏不！"

依依随便收拾几件衣服装进箱子，提着箱子就跑回学校去了。

爸爸打电话给她，那个尹公子很喜欢她，也非常看好她，很有信心将她培养成为出色的珠宝设计师。依依很不客气地说："让他去培养别人吧，我就不劳他费心了。"说完，便挂断了电话。

那个暑假，依依看到一篇文章，是一位作家写给家人的书信。在信中，她表达了对家人的无限感激，感激他们最大的支持和宽容。

依依当时就落下泪来。

## 4

人生中最大的阻力往往不是来自舆论，不是来自自身能力不足，却恰恰是来自最爱的亲人。

因为他们爱你，因为你是他们的至爱，所以他们有权利保护你、干涉你，总希望将最美好的东西赠予你，替你行走，替你写作业，替你受罪。

可是每个人都有自己的人生，任何人都无法代替，无法越俎代庖，那条通往人生终极的路，千难万险也需要一个人独自去完成。坦途也好，荆棘也罢，个中滋味都只能一个人品尝，心灵之旅尤其要自我去实现。心灵的丰硕要靠自身来体味，只有足够快乐和积极的生活，心灵才会丰盈和幸福。而快乐的源泉，那必是执着于某种源自内心深处的热爱和向往。

有多向往，就会有多大的动力，就会有多大比例的快乐。

而扼杀向往，无疑是绑缚快乐，怎会有幸福可言？

钻石，熠熠生辉；写作，沉默寂然。

可是对依依而言，钻石带来的刹那辉煌却远比不上写作带来的万丈光芒。在这条孤独的路上，她收获的是对生命的巨大热忱和对美好的无限向往。

有太多人，慑于父母的威严，放弃了自己的向往，过上千篇一律的生活。可是，失了自己的人生。

很多时候，一个决定，一个选择，我们就失去了自己的人生，再也找不见。

而我们的贾依依小姐，拒绝了豪门女总裁的光耀人生，她的妈妈终于还她自由，她可以继续豪情万丈地挥笔写她的豪门总裁文。不问结果，只为幸福的过程。

这是一种别样的旅程，快乐和甘甜旁人无法想象，这自由的人生，纵然荆棘丛生，心亦赤诚。

纵然没有惊天动地，也有一路铿锵的努力。为爱而执着，为梦想而奔跑，这便是人生的意义。

# 春风十里，
## 义无反顾奔赴你

### _1_

沈星 16 岁时候的梦想是在 25 岁的时候娶到苏蕊。

苏蕊 20 岁时候的梦想是在 25 岁的时候嫁给沈星。

他们在 20 岁的时候达成了共识，开始向同一个目标努力，他们又一起为这个目标奋斗了 6 年。

多年以后，沈星仍然记得 16 岁的那个夏天，那女孩像天边那朵云，轻盈地飘到他的世界，他的心里盛满了云朵，飘来荡去，有些失重，脑海里都是那双澄澈如天空的眼睛，微微带着一丝胆怯，如小鹿斑比。

16 岁的苏蕊带给沈星从未有过的渴望，那个时候，沈星就已经决定，将来一定要娶到这个女孩。

这个女孩 4 岁起学习芭蕾舞，5 岁起学习钢琴，16 岁时已经出落得亭亭玉立，所以不仅使沈星那颗懵懂的心开始苏醒，更是在整个学校惊起一片涟漪。

优秀的男同学很多，喜欢苏蕊的也很多，在同学眼里，最有资格喜欢苏蕊的便是学霸周志康。

那年深秋，学校组织演出一台童话剧，很幸运，周志康和苏蕊两个人分担男女主角。周志康剑眉星目，俊朗挺拔，苏蕊精灵俏丽，袅娜如仙子，同学们都嬉笑着说他们是最登对的一对。只有沈星慵懒地说："是吗？我怎么没看出他们相配？"

后来同学们经常揶揄沈星，原来他觉得和苏蕊最配的是他自己。

彼时的沈星和周志康，完全不能相提并论，周志康是学霸，成绩稳坐年级前三，拥有良好的家世，而沈星成绩排到 100 名以后，家在郊区，父母在山上管理一个种植园。以苏蕊的身份来衡量，当然周志康是较为匹配的那一个。

## 2

可是苏蕊不这么想，她有自己的标准。周志康和苏蕊考了同一座城市的大学，沈星的城市离苏蕊的城市相隔 600 公里。近水楼台先得月，刚入学，周志康就去找苏蕊，给她送水果，给她带新上市的小说和各类参考书，可是苏蕊总觉得缺少点什么，潜意识里期待的是另一张面孔。这张面孔远没有周志康俊朗，却没来由地让她向往。

一个月后，苏蕊等来了那个人。沈星晚上从北方的城市坐上火车，穿越 600 公里，第二天下午才到苏蕊的城市。见了面，红着脸，直截了当地第一句话就说："苏蕊，我喜欢你。"苏蕊不知所措，愣了很久才说："你很饿吧？我带你去吃饭。"苏蕊走了几步，发现沈星没跟上来，还停在原地，便折回去。沈星很认真地说："苏蕊，我不是来跟你吃饭的，我是来告诉你，我喜欢你，三年了，我爱你。"

苏蕊无数次地幻想过自己有一天被表白的场景。那一定是浪漫无比的盛大仪式，晴空碧日，樱花海洋，蝴蝶飞舞，鸟儿缱绻。然后是男主角的一句感人肺腑的"我爱你"。

可是，如期的画面并没有出现，现实是，这三个字说出来的时候，他们就在这人来人往的林荫路上，没有一丝浪漫。

苏蕊有些气恼，又有一丝遗憾：这个呆子，这些话难道不应该在一个风景宜人、静谧温馨的地方再说吗？可是心里还是既惊喜又甜蜜，只好红着脸说："哦，我知道了。"

沈星出师顺利，第一次去看苏蕊，两个人就定了情，原来，苏蕊也喜欢他，这份惊喜比什么都快乐。第二天早上，沈星又坐上火车，穿越 600 公里回到了自己的城市。不过，回城的心情简直像在云上飘。

## 3

两个城市间 600 公里的距离没能挡住爱情的成长，两个人恋爱两年，铁路线上的每个风景都已经变成沈星人生中最熟悉的部分。

可是，苏蕊的爸爸知道两人的恋情之后却极力反对，因为他觉得沈星的家世实在有些糟糕，而聪明的周志康已经来拜访过苏爸，旨在曲线救国。

沈星为了证明自己的能力，便去做兼职。

很容易便找到一家广告公司做兼职策划，可是因为他还是在校学生，公司只是试用，按照提交的方案合格率来付相应的报酬。看起来简单，做起来很难，很多正式员工的选题都屡次通不过，作为一个学生党，自然是难上加难。

不过沈星最大的优点就是不怕失败。那年年末的一次策划，连续做的几个选题都被屡屡否定，别的同事好心说："别白费劲了，这行不好做，你还是去别的地方做兼职吧。"沈星做了几个深呼吸，却说："不，我要做出来给老板看看。"

那次策划，沈星的方案终于通过了。他还被老板称赞道，年轻人有创造力。

大学毕业，沈星已经积累了一些经验，也攒下微薄的积蓄。他和苏蕊商议，没有选择可以留校做物理教研员的工作，而是和苏蕊开了自己的新媒体公司。

起步艰难，又受到原来老板的诽谤和刁难。因为，沈星带走了他的一些老客户。事业困顿时期，苏蕊的爸爸得知沈星丢掉稳定工作不要，开了新媒体公司，大为恼火，直接宣布禁止苏蕊再跟沈星继续来往，否则断绝父女关系。

*4*

沈星于是发动了一场战役。

秋高气爽的周末，苏爸正在公园和朋友下棋，听见有人很正式地说："苏总，我需要跟您谈一谈。"抬起头，便看见沈星西装革履地站在那里。

苏爸沉吟片刻，说："等我下完这局。"

苏爸正陷入困境，拿着棋子一筹莫展，不知如何突围。沈星站在身旁，轻巧地伸手拿起一枚棋子，走了一步，便听到众人喝彩，好好好！这个局破得好！

苏爸满意地点点头，放下手中棋子，跟沈星来到静谧的树林，两人在石凳上落坐，战争便打响了。

开始的时候，沈星还彬彬有礼，很快，就变得慷慨激昂："你难道不知道我是这个世界上最爱你女儿的人吗？你女儿和最爱的人结婚，你为什么还反对？你凭什么认为她和我在一起就会颠沛流离？我能给她的是所有人都给不了的，我将来得照顾你们的，可是你一直都反对算怎么回事？你搞得每天蕊蕊都很难过，让我很心痛，你知不知道这样在浪费我的精力？我需要全力以赴去奋斗，你不鼓舞打气加油，反倒在这里每天搅乱军心，你说你这样做对吗？"

苏爸当时又好气又好笑，却惊讶于沈星的勇敢，看到了他身上可贵的魄力和胆识。于是，愿意帮助这个桀骜不驯的小伙子成就他的梦想。

一周后，沈星的公司成功获得某银行抵押贷款 50 万元，抵押担保是苏爸的公司。一个月内，苏爸以他的人脉，帮助沈星的公司顺利签下 5 个大单，公司人力不够，开始紧张扩充。

沈星给苏爸立下的军令状是，公司利润达到 100 万元的时候，他才和苏蕊结婚。

对沈星来说，这个目标并不遥远。

### 5

沈星没有如苏蕊所愿给她一个浪漫的表白仪式，可是他愿意努力给她一个美好的未来。有时候沈星想，当年那个表白虽然少了一点浪漫，直接得坦诚而又炽热，有些遗憾，但是未尝不是一种美丽。

纵然没有惊天动地，也有一路铿锵的努力。为爱而执着，为梦想而奔跑，这便是人生的意义。

一个懂得以最好的姿态展示给别人、展示给这个世界的人，世界也会回报给她美好的东西。心中有希望的光，没有抵达不了的远方。

# 心有所向，
## 我以星辰缀流光

1

　　我最喜欢的影星偶像只有寥寥几个，喜欢黛米·摩尔，是因为她的那部经典之作《人鬼情未了》，尤其是做陶器的那个经典桥段。之后，便深深爱上了这种手工制作的浪漫。我的生活周围只有钢筋、混凝土、地铁、快餐和喧嚣，偶然发现街角新开了一家米奇蛋糕店，透过玻璃窗能清晰地看到整个蛋糕的制作过程，那制作过程既细腻又精心，让我时时想起那个电影桥段，做蛋糕和制陶器两个完全不在一个频道的事情在我看来却有异曲同工之妙，于是将对那经典桥段的爱慕转嫁到了做蛋糕上。

蛋糕店通透明亮，装潢精致漂亮，玻璃展柜里都是各种各样让人垂涎欲滴的小蛋糕，还有专门的生日蛋糕展柜。生日蛋糕不能经常买，但是小蛋糕可以经常买，一半的原因是真的想吃；另一半却是为了进去转转，每次都可以透过玻璃看看里边的人穿着白制服，戴着高高的帽子和口罩，用模具灌制蛋糕，又给它们雕上缤纷的花色，如同完成一件工艺品，那过程实在是赏心悦目。

蛋糕店开业不久，某天我去的时候，里边有两个人正在做蛋糕，显然是师傅在指导徒弟，一边做一边教。那徒弟是个女孩，只有一双漂亮的眼睛从帽子、口罩外面露出来，她专注地看着师傅操作，偶尔动手，师傅就说不对不对，有些不耐烦地纠正。

等他们做完一两个生日蛋糕出来，摘下口罩和帽子，我被姑娘的脸吓了一跳，这姑娘满脸的青春痘，摘下口罩之后，似乎漂亮的大眼睛都因为青春痘而失去了很多光彩。

姑娘洗洗手，冲我笑笑，倒了一杯水给我，接着又拿来蛋糕店的菜单给我，说："这是我们马上要上的新品，看看有没有喜欢的？欢迎多多光顾哟！"

## 2

第二天一大早，我很早就去上班，经过蛋糕店的时候，却看见蛋糕店的门窗都是开着的，蛋糕店正常营业时间是在上午 9 点钟，以前没有提前开门的先例。我于是好奇地向里面张望，有个姑娘已经在做蛋糕，虽然穿着制服，戴着口罩，可她漂亮的眼睛我已经记住了，就是那个满脸青春痘的姑娘。晚上我回来很晚，蛋糕店破例没有关门，竟是那个青春痘姑娘在打扫收拾。之后，那姑娘总是第一个来，最后一个走。

过了一段时间再去，就见那玻璃窗里只有那青春痘姑娘一个人在忙了，那师傅来过一次，仔细看了一遍她做的蛋糕，连连称赞，不错不错，继续努力。那青春痘姑娘莞尔一笑，说声谢谢。

又过了几天再去，没见到那青春痘姑娘，我好奇地问另一个姑娘，那个做蛋糕的姑娘呢？这姑娘笑着说："你说的是姚红吧？今天发工资，正好她今天轮休有时间，就去对街做美容护理，治疗青春痘了。"

原来，姚红来自遥远的乡下，因为家境不好，很早便辍学来到城市打工，在饭店做过小工，在理发店做过洗头妹，这蛋糕店是她的第三份工作。薪水不高，但是她觉得是她做过的最高雅的工作了，非常喜欢，也非常勤恳。至于满脸的青春痘，一直是她心中挥之不去的阴霾，今天终于第一次拿到蛋糕店的工资，可以去治疗了。

"不过，估计除了治疗青春痘，她的工资就剩不了多少了。呵呵。"那女孩笑笑说。

"哦，那怎么办？"我说。

"没事，就节省些，很快就到下个月，又会发工资了。她每月还要给家里寄去一点钱，弟弟在上学。"女孩说。

## 3

我出差回来再去，已经是3个多月之后，又见到姚红，我几乎认不出来，很难想象，这就是那个曾经的青春痘姑娘。皮肤洁白，双眼明媚，眼角眉梢都注满活力和快乐。见到我，很热情地迎上来，说，好久不见了，想吃点什么？

我再去已经是半年之后，姚红的着装已经和其他的店员有所不同，简洁的A字裙透着干练，她已经升为店长。我进去的时候，她正忙着看新店的策划方案，只是匆忙间亲自给我倒杯茶后，便又去埋头工作了。

没多久，一个雨天，我经过蛋糕店的时候，正巧见姚红和一个男士从蛋糕店出来，那士撑起伞，紧紧揽住她的肩膀，两个人向地铁站走去。我心上一笑，她恋爱了。

后来我搬了住处，离开了那个城区，又过了半年，偶尔有一次回到那个城区，我想回附近去转转，也想念那个蛋糕店的蛋糕，便一路走过去。蛋糕店里生意兴隆，看见了几个以前熟悉的姑娘，却没见到姚红。我于是问："你们店长呢？"

"姚红吗？公司派她去意大利学习专业西点制作，已经去了好久了。"那姑娘说。

"哦，是吗？"我唇边露出欣慰的笑，说，"她很厉害哟。"

"是呀，她很走运啊，我们都羡慕呢，公司特意给她开的先例呢！回来之后，就进总公司了！"姑娘又说。

"那她是不是很努力？"我说。

"是呀，她很努力，不过，她真是太走运了，不知道我们什么时候能那么走运。"姑娘既羡慕又惆怅。

## 4

我很想说，姑娘，姚红不是走运，是她付出的要比你们看到的多得多。或许你们是在同一起跑线上，甚至有可能你们比她还要先起跑，可是成功与否不在于什么时候起跑，而在于起跑之后的姿态。你还在那里睡懒觉，享受朝九晚五的清闲时光，她已经在向着远方奔跑。龟兔赛跑的故事我们都知道，长久专注地去做一件事，势必会有很大的收获，收获甚至比预期的还要多。

她很窘迫，窘迫到很早就辍学，不能跟同龄的孩子一样继续读书，可是她却拿出微薄工资的大部分用来美容，治疗青春痘，她期望能变得美一点，变得更优秀一点，对优质生活的向往没有什么能阻隔，而她也为自己的这个目标一直在努力。

当然，她是困难重重，一个人的时候也会情绪低落，也会痛哭流涕，可是我从没见到她吐槽。一个懂得以最好的姿态展示给别人、展示给这个世界的姑娘，世界也会回报给她美好的东西。

　　她很早便已学会直面人生，笑看沧桑。纵然生命贫瘠，她依然努力。因为向往红日，所以她一步一步走向奇迹。心中有希望的光，没有抵达不了的远方。

因为向往爱的芬芳，她一直勇敢在路上。恋恋红尘，未曾迷茫，终于得到生命的嘉奖。

# 我不想敷衍爱情，
## 恰如不能敷衍人生

*1*

不知从什么时候起，七夕节变成了第二个情人节，对有情人来说，无疑是多了一个浪漫的节日；可是对单身的人来说，未免又多了一个受虐的日子。

2015 年七夕夜，电视台编导季音策划了一期特别节目，主题是《聊聊你第一次听到的表白》，节目互动很热烈，观众纷纷发来微信，主播一边念微信，一边噙着笑，季音戴着耳机也在笑，可是笑着笑着就落了泪。

似乎中了魔咒，季音一直以来都是那个多余的人。

已经26岁，季音还没有正式地谈过一段恋爱，过往的感情无一不是她一个人的独角戏。确切地说，她每次觉得自己爱上了的时候，那个人都已经成为别人的男朋友。即便爱上的那个人不是别人的男朋友，也是根本对她的喜欢毫无察觉。无论她是悄悄暗示或是大胆靠近，那个人就是雾里看花，不解风情，最后还害得要她去主动表白，可是那个不解风情的家伙居然说："音音，我还是想自己去追求一个女生，我很想体验那个过程。"季音当时无语，很想扇他两巴掌。

每年最难过的就是各种节日，尤其是七夕节和情人节，满大街的秀恩爱，满世界的甜蜜。这个时候，季音总会翻祭出阿Q精神，鼓舞一下自己的士气：不就一个普通的工作日吗？有什么好稀奇的？至于这么狂躁吗！可是一个人的抗议相对于全世界的狂欢显得那么微不足道，铺天盖地的甜腻逼得她无处躲藏。

## 2

其实季音18岁就开始勇敢地奔赴爱情，几年间做过的最胆大妄为的一件事是在大三那年。

那年的某一天，季音喜欢上了那位重量级的学长陈格。之所以是重量级，是因为这位学长曾在某卫视的一档真人秀节目中连续两期夺得桂冠，此后便成为F大的形象大使，引来无数关注，所以喜欢他的女生趋之若鹜。

　　季音自然也是他的崇拜者之一，那两期节目，季音暗地里在网上看过好多遍，他的每个细微表情，甚至蹙眉思忖的瞬间都让季音着迷。可是奇怪的是，陈格却没有什么绯闻，每天神龙见首不见尾，季音连制造偶遇的机会都很难。

　　不过季音还是知道他的行踪，因为她每天都查看他的微博动态，为此季音还注册了马甲，每天到他微博上留言点赞。因为是马甲，所以可以口无遮拦，她问了很多啼笑皆非的问题，比如，你那么帅是吃什么长大的？你这么高冷，是有点冷血还是故意扮酷来吸引女生的？要毕业了，你也没混个女朋友，你不觉得亏吗？你到底是喜欢小家碧玉、大家闺秀还是小清新？

　　季音最后给学长发的一条留言是：你居然不奇怪我是谁？你实在是很奇葩……后来季音自己想起来都冒冷汗，这马甲居然没被陈格拉黑，他也实在是有涵养，足够宽容。可是陈格从来不回，只留那马甲自己在那儿狂欢，花样百出地自娱自乐。

　　季音音当时迷恋青春小说，常常幻想自己是女主角，看了那么多书，也就在那么多情感旋涡里千回百转过，所以，虽然只是纸上谈兵，却也如同身经百战。她每每想起陈格，便会伤春悲秋，想到那句——自从爱上你，我见过的每个人都像你。

可是，后来陈格的微博就不更新了，她也忙于写毕业论文，忙于找工作，总之，忙起来了，马甲也没再用过。

## 3

季音来自江南小镇，小镇风景秀丽，却闭塞落后。当外面的世界已经被微博、微信全覆盖，小镇里却连手机信号都很弱，互联网更鲜有使用。季音从小的梦想就是有一天能走出小镇，自己做电视节目，将来家乡的父老乡亲都能看见自己做的节目，父母家人都会觉得骄傲。她是被小镇的阿公阿婆誉为最有骨气的女孩子，也是考到大城市去的寥寥几个孩子之一。

镇上的女孩子结婚都早，她上大学那个夏天，她的小学同桌就结婚了。大学四年毕业后，小镇上的同龄伙伴们几乎都已经成家，她工作第一年春节休假回到家乡，伙伴们都抱着小孩来见她，羡慕她的风光，也炫耀自己早有归宿。季音抿着唇，笑意盈盈，心里却是酸甜苦辣，冷暖自知。

父母经常打电话来，不问工作，不问生活，只关心一件事："什么时候结婚？大城市找不到合适的话，就回家乡来吧。"可季音满心惆怅之余，总会想起自己在那些严寒酷暑努力的日子。

一个人有梦想，为了梦想踏踏实实努力总归不会错的吧？

至于爱情，该来的时候应该就会来的吧？

夕阳西下，一个人在编辑室挥汗如雨，一帧一帧剪片子的那些时光，在瑟瑟寒风中拍摄的那些时光，还有在深夜写稿子的那些时光，虽然艰苦，但其中的快乐和满足，父母、乡亲永远无法体会，虽然她只是纪录片的小编导，可是因为对这份职业的深爱和眷恋，付出的辛劳和代价她从没后悔过。

　　她小时候的玩伴曾有一段时间常常给她打电话，请她帮忙给家人买化妆品，因为小镇闭塞，好品牌买不到。又过了一段时间，小时候的玩伴让她帮忙买服装杂志，还是因为小镇闭塞，电视广告里的东西，小镇上都买不到。她心里便更加坚定地要在这毫无根基的大城市踏实地扎根生长，她想要一个优质的生活环境。

　　她不想过一种勉强的人生。

　　爱情也同样。

　　因为工作的关系，季音曾认识了一位成功人士T君，是低调的富商，T君说季音很像他的初恋，请她喝茶，又给她买礼物。同事们羡慕地说："音音，你这么走运，你只要抱他的大腿就好了，做个全职太太，享享清福，不用再为生活奔波。"

　　可是季音如临大敌，因为没有感觉。她笑笑说："我闲下来会生病的。"只有她自己知道，这份工作的意义不仅仅只是一份简单工作，更承载着她全部梦想的重量，如何能够舍弃？

　　见过太多嫁入豪门便淡出人们视线的成功女子，引来无限艳羡的眼光和热议。可是在人们已经渐渐忘记她们的时候，她们又宣布复出，重出江湖，背负着丈夫的背叛和满身的沧桑。可是，时光从不会为谁停留，她们已盛年不再，光华黯淡，复出多半不尽如人意。以梦想为代价去换取另一个人的欢心，终究以自怨自艾收场。

季音更愿意相信，相爱的人，会携手奔赴梦想，而不需要一方奉献自己以成全另一方。

<u>4</u>

七夕夜结束了节目之后，季音接到了一个陌生的电话，她以为是来约下期节目录制的电话，按了接通键，礼貌地说："您好！"

"节目做得很好啊，师妹。"他沉默了一会儿才说。

"……师……学长？"季音在更长的沉默之后才不确定地说。

"我没打扰你吧？我出差刚好经过这里，同事送我一只小鹦鹉，我嫌麻烦，想转手送人，你如不嫌弃就拿去吧。还有啊，想请你帮我个忙，微博停用了好一段时间，前几天又重新用起来，才发现，曾经有人留言，说我高冷、冷血，你帮我查查，是谁这么胆大包天……我在外边等你。"

那磁性的嗓音虽然仍然高冷，却分明带着魅惑，季音觉得似乎出现了幻觉，如此不真实，生活果然比小说还狗血，这家伙后知后觉，秋后算账，十年不晚，可是，他是怎么知道那马甲是我的？唯一的答案是出了内奸，该不会是闺密弯弯什么时候遇见他泄了密？肯定是的，那个八卦的弯弯……不过，谢谢你，弯弯，哈哈……

不久，季音等来了学长陈格的主动表白。不过，她说，如果他不表白，她还是会主动表白的，因为那个人是他。

此外，没有那么多的正好经过，陈格那一天是看到微博之后，立即买了高价机票，专程飞到她的面前。

因为向往爱的芬芳，她一直勇敢在路上。恋恋红尘，未曾迷茫，终于得到生命的嘉奖。

每一个梦想的实现都需要坚实的努力和无畏的舍取。梦想承载着希望之光，时光会记得，她奋勇前行，一点一滴刻下刚强。前程无涯，来日方长。

# 你如晨露，
## 　　带着黎明的梦想

### *1*

2014 年的一个夏日午后，走出地铁的时候，突然变了天，骤然下起雨来。我因为没有带雨伞，便匆忙躲进旁边一家理发店做头发。

午后两三点钟并不是理发店生意兴隆的时候，又恰好大雨倾盆，大概只有我这么奇葩的人才会这个时候想起去做头发。所以推门进去时，几个剪发的师傅正在打牌，显然被我和随之而来的一股冷风惊扰，他们都抬眼望了望我和外边的雨幕。但是虽然挟着冷风，看起来我的气场还是不够大，因为他们马上又去专心打牌了。若不是有个姑娘匆忙从里面跑出来，我会怀疑这家店该不是要关门了才这么不待见我。

姑娘跑出来，手里还拿着本杂志，看见我，立刻将手里的杂志放到椅子上，迎上前来说："姐，您里边请。"我跟她进了里间，刚一落座，她变戏法一样，手里多了一杯热茶，递到我手边说："姐，你喝点热茶吧，我看您淋了雨，别感冒了。"她又去关了隔间的门，之后又去放了舒缓的音乐，外间打牌的嘈杂声便几乎听不见了。我笑笑说谢谢，姑娘又利落地给我洗头发、做营养。

姑娘的善解人意让我有了聊天的兴致，于是攀谈起来。

她在镜子里凝视我好一会儿，然后说："姐，你一定读过很多书吧？"

我望着镜子里的她笑着说："何以见得？"

那姑娘抿着唇笑了："我最会看了，看你气质这么好，自然是读过很多书。我就特别羡慕读书多的人，尤其是女生，特别高雅。可惜呀，我要是能读很多书就好了。"

"你多大了？读了多少年书？"我抬眼问她。

"我今年 19 岁了，高中毕业就没再读了。"我从镜子里看到她的眼光黯淡下来。

"哦。既然你喜欢读书，那怎么没继续读呢？"我有些诧异。

"不能再读了，因为我还有个妹妹，她在读大学，家里拿不起那么多钱。"姑娘手上的动作都随着心里的惆怅慢了下来。

## 2

姑娘叫莲子，高考那年因5分之差落榜，她的妹妹樱妹以高于分数线8分的成绩被录取。出身于农家，父母还在深圳做着繁重的体力劳动，负担很重，所以，莲子很懂事地放弃了复读，早早地出来学做美发，除了能赚钱养活自己，还能给妹妹负担一些生活费。

"可是你喜欢做这个吗？"我说。我隐约觉得她不太喜欢这里，因为大家打牌，她藏在里间看杂志。

"不喜欢，从早到晚闹哄哄的，没人的时候倒是不错，比如今天，嘿嘿，我可以偷偷看点报纸杂志，可是也不能太偷懒，老板看见会罚的。可是没办法啊，我得赚钱，做这个赚得还可以。"

"你最喜欢做什么？"我想了想，问。

"我喜欢文秘啊！我一看见电视剧里那些秘书就幻想那是我该多好。"莲子眼中放出异彩，居然笑出声来。

"其实未见得不行啊，你可以去试试。"我沉思片刻说。

"可是我才高中毕业，文秘要求学历至少要大专或者本科吧？"莲子眼中的光又黯淡下来。

"你想没想过自考？或者成人考试？"我突然想起来说。

"哦，还有这种考试！可是我没有时间学习，怎么考试呢？"莲子从惊喜又变回失落。

"嗯，这倒是个问题。"我有点遗憾。

## 3

那天之后，每次走出地铁，我便会莫名地因为莲子很牵心，后来便经常光顾这家理发店。过了一段时间，有一天接到莲子的电话，她兴奋地告诉我，她辞职了，去了一家花店，虽然薪水比这家理发店低一点，但是有很多时间，除了给预订的客人送花，就剩下打理花店里的花，来买花的人不是很多，她终于可以一边看店一边安静地复习功课准备考试了。只要自考毕业，她就可以去当文秘了。那一天，我的心情变得出奇地好，仿佛是我自己收到了什么喜报。

莲子经常打电话给我，大概是真的喜欢跟读书人打交道，觉得我能给她一些建议和帮助。到了花店不久，她有一次跑来找我说，遇到了一件非常纠结的事情，不知道该如何是好。

她的妹妹樱妹爱上了同班同学江旭，可是江旭似乎对她的爱意毫无察觉。樱妹个性火辣，便开始热烈地追求江旭。情人节那天，樱妹拉着江旭去看电影，在电影院门口，巧遇正在卖花的莲子。莲子只顾忙着低头摆弄花，知道有两个人影走过来，便高声说："先生，给女朋友买束花吧！今天是情人节啊！"话音刚落，抬头一看，女子居然是樱妹！莲子本来想装作不认识，但是她和樱妹酷似的容颜出卖了她，江旭惊讶地看看樱妹，又看看莲子，便问："你们？"樱妹只好笑笑说："这是我姐，我们像吧？"江旭连连点头，看着莲子好一会儿，说："这些花多少钱？我都包了。"

莲子和樱妹都很高兴，莲子觉得自己赚大了，樱妹觉得终于得到了江旭的爱，因为他给她买了这么多花。江旭的确将所有的花都送给了樱妹，他们三个人还一起将满满一箱子的鲜花都送到了樱妹的宿舍。可是没多久，江旭就告诉樱妹，他很抱歉，因为他爱上了莲子。

当樱妹到莲子的花店来闹的时候，莲子才知道发生了什么，居然躺着中枪了！之后，江旭就常常来帮莲子送花，整理花店的花，无论如何都赶不走。

这份感情，莲子总觉得是她抢了樱妹的，可是她真的没打算跟樱妹抢，所以她不知道该如何是好了。

我听了，便笑了。

莲子，你的身上有比樱妹更珍贵的东西，江旭有双慧眼。至于结果，只有听你自己的内心才知道该怎么办。

## 4

半年后，我果然收到了莲子的好消息，她自考通过了！

又过了几个月，莲子被一家小民营企业录用为文秘。虽然只是一家小民营企业，可是，那是她日思夜想的文秘工作，在经过长久的努力之后，她终于得到了。

从洗头妹到卖花姑娘，再到穿 A 字裙、高跟鞋的演变，经过上千个日夜的奋斗和锤炼，她终于如愿以偿地成为那个她想成为的样子。

她的梦想并不遥远，只是一个小小文秘。可是每一个梦想的实现都需要坚实的努力和无畏的舍取。

梦想承载着希望之光，时光会记得，她奋勇前行，一点一滴刻下刚强。前程无涯，来日方长。

# 我一路奔跑，
# 才敢邂逅你

感谢你曾出现在我的生命里，尽管你是不经意
以最大的诚意迎接毫米微光
桑榆非晚，山水又一程
爱情澎湃，莫要等待
我不需要让所有人喜欢，唯一需要让你喜欢
让我感谢你，不曾生死相许
我一路奔跑，才敢邂逅你
优雅且从容，时光亦不负
我不想做咏叹调，我只想做进行曲
时光不悔，折翼的你依然能翱翔万里

辑五

她感谢他曾出现在自己的生命里，尽管他是不经意。他让她懂得，努力的意义。而她的世界，因努力而出现了奇迹。

# 感谢你曾出现在我的生命里，
## 尽管你是不经意

*1*

仅"双十一"一天，彭筱然就被打到了贫民阶层。银行卡刷爆，每件衣服口袋都掏净了才凑出 200 元，离发工资的日子还有一个多星期呢。这还是正常情况，很多时候都是非正常情况，那死胖子老板一出差就会拖欠工资，她甚至怀疑他是为了拖欠工资才去出差。

"双十一"绝对不是什么好日子，不过着实是疯狂了一整天。

虽然"双十一"是光棍节，可是每年彭筱然都是和高中时代的闺密楚涵一起过，虽然她在北方，楚涵远在南京，可是现在的距离如何能阻挡得了高科技？同时上网，一起逛淘宝是她们最经常的娱乐活动。周末的时候，懒懒地吃过饭，当然说不清是早饭还是午饭，贴个面膜，坐在电脑前，你甩个链接过来，我甩个链接过去，商讨一下这条项链是不是好看，材质如何；再研究一下过几天同事生日买什么礼物比较合适；再一起看看新款的衣服有没有打折啊，划算不划算啊。时间就这样匆匆过去，所以，谁说单身时间漫长难熬？她们就不觉得漫长，真是 24 小时刷淘宝时间都不够啊！

　　如果不是后来的事，大概她会一直这样潇洒下去。

## 2

　　筱然工作的 FRT 公司在 W 大厦的 15 层。对面便是很有名气的铭江律师事务所，因为近水楼台，事务所里的年轻男士们经常会光顾 FRT 公司，因为公司的漂亮姑娘多。

　　铭江律师事务所里的男子都是青年才子，可惜，却都离俊逸差那么一点点。

　　所以，事务所单身汉有增无减，FRT 公司的单身姑娘仍在寻寻觅觅。

　　直到夏末的那一天，事务所里来了一个新人。

　　说是新人，是对别人而言，对筱然来说却是熟面孔，简直不能再熟悉。

谢蔚然，她的上届学长，筱然曾一直暗恋了三年。

是呀，悲摧的暗恋，谢蔚然并不知道，因为彼时他的身旁有那个漂亮学姐。学姐不仅漂亮，还是学霸，深受男生们喜爱。

筱然整整一个上午都心不在焉，变得特别勤快，一会儿去帮大家打开水，一会儿又去一楼大厅取报纸，一会儿又去给大家买冰淇淋，只为了能堂而皇之地经过事务所的门口，刺探一下对面的情报。下班的时候，她晚走了一会儿，凭她的判断，谢蔚然不会走得很早。于是，功夫不负有心人，在她走出门的时候，恰好，碰见谢蔚然和同事从事务所里出来。

谢蔚然有些惊喜，喊了她一声："彭筱然！这么巧？"

"谢蔚然！你怎么会在这儿？"筱然佯装惊讶。

谢蔚然于是请筱然一块儿吃了饭，两人互换了手机号码，互加了微信好友。她还特意将输入模式换成了手写，把他的名字保存到手机通信录里，如仪式一般庄严。

那个特别关心的问题筱然没问，却已经知道了答案——他和学姐已经分手了。

所以，于筱然而言，这一天或许具有某种新生的意义。

<u>3</u>

筱然突然想到了那句话——一切自有天意。

这一定是上天的安排，她在这个写字间三年有余，生活波澜不惊，大概就为了等待这一天与谢蔚然的相遇。

她想到了那些爱情格言，甚至有些热泪盈眶。

为了迎接这盛大的爱情，她甚至觉得身上穿的淘宝热款有些寒酸，于是斟酌再三，还是给老妈打了电话，说最近手头有些紧，请老妈赞助一下，多少随意。

老妈笑得灿烂，哎哟，这丫头，还挺大度。

筱然用老妈赞助的两万元买了贵重的包、名牌套装和名牌化妆品。楚涵找她一起逛淘宝，她说要提升自己，淘宝款已经不能满足她的品位。

同事都说，筱然变成了时尚达人。对面事务所的那些才子都垂涎三尺地说，从不知道原来筱然就是那个下凡的天仙妹妹。就连谢蔚然每次见她也是眼前一亮。而他眼中的那一点点火花，就能点燃筱然心中的熊熊烈火。每一天，筱然都要自我测评一下，今天谢蔚然对她的喜欢是不是又多了一点。

有聪明的同事发现了端倪，常常羡慕、嫉妒地打趣她："筱然，你近水楼台呢，谢律师对我们都爱理不理的，就对你情有独钟。"筱然含笑说："别瞎说，我是他师妹。"心里却早已盛满蜂蜜。

每一天似乎都离他们相爱的日子靠近，筱然已经在期待节日，不论圣诞节还是情人节，那都是表白的日子。

可是，既没有等到圣诞节，也没有等到情人节，在 9 月的最后一天，谢蔚然便给筱然的这段感情判了死刑。

这分明是她一个人的感情。

就在那一天早上，她从家里出来有些晚了，下了地铁，匆忙往大厦狂奔，却在路上不经意间看见一对情侣在拥吻，那个男士的背影她认识，正是谢蔚然。而那个姑娘，一转脸的刹那，她也认了出来，是邹淼淼。他们都在一栋大厦上班，她在 16 层。

怪不得谢蔚然总是去爬楼梯，原来不是为了锻炼，而是为了邂逅邹淼淼。

可是邹淼淼并不算漂亮，至少没有她筱然漂亮。

筱然那天上午没有上班，她打车回了公寓。她觉得有些失重，找不到自己。

她不明白，自己如此为悦己者容，在别人眼里时尚靓丽，为什么谢蔚然会视而不见，毫不知晓她的苦心。

邹淼淼长得和筱然有些像。不同之处在于，邹淼淼是整个大厦出了名的佼佼者。

筱然才想起，谢蔚然一向喜欢优秀的女生，从前的学姐是非常勤恳的女生，邹淼淼同样勤恳又努力。而她从未努力，自然没有光华。所以，在他的世界里，她只能是路人甲。

筱然才想起：我的梦想在哪里？

早已被抛到九霄云外去了。

## *4*

她勇敢地炒了胖子老板的鱿鱼。

她重新写了一份求职信，将从前写过的文章整理打包，带上它们奔赴文字梦想。几番周折，几个月后，她终于成为一家小杂志社的文字编辑，不过，她很开心，自此，她的梦想开始起航。

工作非常辛苦，可是每天都甘之如饴。

她失去了很多闲暇时光，从前悠闲地和楚涵逛淘宝的时光代之以无休止的加班审稿。可是，真的很幸福。

两年之后，这家小杂志社因经营不善被另外一家文化公司吞并，并扩大了规模，筱然因为工作业绩卓著升任副主编，又一年后，筱然成为图书策划部主编。在第二年年末，筱然遇到了生命中最重要的那个人，他们因文字而结缘，相伴奔赴梦想之旅。

新的一年，筱然的作品即将问世。

筱然有时会想起谢蔚然，她会轻轻牵起唇角。

她感谢他曾出现在自己的生命里，尽管他是不经意。他让她懂得，努力的意义。而她的世界，也因努力而出现了奇迹。

对世界许下心愿，以昨日沧桑，以满满的诚意，换取明天的幸福与光芒。岁月温柔，终会眷顾，不负期许。

# 以最大的诚意迎接毫米微光

## 1

女生在年少的时候大都喜欢打篮球的男生，帅帅的三分球投球弹跳，可以顷刻间迷倒众生。可是对柳慕晴来说，这等级别简直弱爆了，她才见过真正的男神。

8月的L城，天气闷得不得了，慕晴的格子间空调却坏了，偏巧公司刘主管出差了，慕晴和伙伴们在蒸笼一样的格子间里熬了整整三天，才等到有人来修空调。

那天慕晴中午吃过饭进来的时候，那空调已经有人在修了。

慕晴有严重的恐高症，所以第一次看见有人在高空修空调被吓坏了。这摩天大厦距离地面至少几百米，仅几根钢筋附着在大厦的墙壁上，而那修空调的年轻人一脚踏着阳台，一脚踩着钢筋，不啻走钢丝的惊险表演。迎着炽烈的太阳，年轻人头上的颗颗汗珠晶莹闪亮。

慕晴张大嘴巴，一直看着那年轻人双脚又踏回到阳台，心脏才缓缓归位。

年轻人从阳台上跳下来，拿起空调遥控器，点开，几秒后，凉风倏然而至，让已经被酷暑摧残到要暴怒的慕晴突然又爱死了这绿意葱茏的盛夏。

慕晴立刻高兴地说："谢谢师傅。"没想到旁边的邱芮笑着说："哈哈。慕晴，你以为他是修空调的师傅？你不认识他？他是余子谦啊！哈哈，是我请来帮忙的啊！"

他就是余子谦？

久负盛名的同校学长，男神啊。

慕晴就剩要尖叫。

慕晴几乎就在那一刹那爱上了余子谦。她激动了整整一个下午，晚上临睡前发了微博："今天遇到了男神。"小心翼翼地掩藏心事，却又抑制不住心中的惊喜。

## 2

WQ公司是一个拥有上千员工的中外合资公司，人才济济，精英辈出，可是余子谦的名字却如雷贯耳。其实他到公司才不到两年，却已经成为众人皆知的潜力股。

早听说余子谦玉树临风，自带王子气场，可是慕晴却没感觉到他的骄纵和霸气，反而觉得正如他的名字，谦谦若君子。

一定是良好的高知家庭才能培养出这样高素质的人吧！

刚进D大读书的时候就听说了余子谦，这个传奇式的人物。

当年以K省高考状元身份考上D大经济系，异常勤奋，一直勤工俭学，一边做社会实践，一边努力读书，每年都拿全额奖学金。在大三那年，和同学一起创建了一个个人教育培训网站，大四毕业后两个月，成功融资100万元，成为当年大学生创业的楷模，为D大创造了神话。

当然，以这样一份傲人的成绩单自然所向披靡，所以，虽然余子谦并没投简历给WQ公司，但是WQ人事部总监在58网上看到了他的简历，当时就向他发出邀请来面试，余子谦没有让人事总监失望，甚至给他带来惊喜，余子谦顺利成为WQ公司的一员。

在工作中，余子谦也总是能在一众新人中显现出他的不凡。每一项工作，每一个细节都能尽善尽美，做到极致，深得领导喜欢。并且，他为人谦逊，不骄不躁，宽容大气，从未让人不愉快。

所以，不可避免地，他成为公司很多女生追求的对象，这样的男神完全是稀缺产品嘛！

对女生趋之若鹜的追求，男神余子谦很淡然，他会说："其实我只是一粒尘埃，没有什么不凡。"

### 3

在 WQ 公司年会的时候，慕晴端着酒杯，怀着满满的崇敬去敬余子谦。她想来想去，没什么说得出口的敬辞，只好以同门师兄妹来做托词："师哥，我敬你，谢谢你为我们母校争光，你好厉害，我为你骄傲！"

余子谦口中含着一口酒，笑得喷了出来："你也好棒啊，柳慕晴。"

"哦，原来你知道我的名字？"慕晴有些小兴奋。

"当然，你是师妹，我当然会知道。"

那一晚，他给她摘掉了心中男神头上的光环。

在别人眼里有良好成长背景的余子谦其实并没有很好的家世。他很小的时候，爸爸便去远方打工，他常常打电话来说："我在大城市一切都很好，我的公司特别大，待遇很好，我一个人住单间公寓，食宿都非常方便。下班的时候，经常会跟同事出去转转，有时候还喝点小酒。最近忙，业务多，就暂时先不回去了。"

10 岁那年春节前夕，他爸爸仍然说太忙了，实在没时间回去，再过一阵子回家看他们。可是余子谦和妈妈都很想念爸爸，他们便登上火车去他的城市看他，到了那里才知道，一切都是爸爸编造的。

哪里有什么大公司？那是一个建筑工地！哪里有什么单间公寓？他们6个人合住一间民房，洗澡要到很远的公共浴池，吃饭就是随便填饱肚子。爸爸浑身脏兮兮，像刚从土里爬出来，头发打结，脸色暗沉，眼睛红肿，严重的睡眠不足、营养不良。他不是因为忙没有时间回家，而是心疼路费，这些路费够儿子半年的学费。

余子谦和妈妈抱着他爸爸泣不成声。

## 4

后来他妈妈坚持让爸爸回到附近的小城，辗转托人找到一份在商场做售后服务的工作。每天按照商场的派遣去给顾客安装空调，安装洗衣机。有时候余子谦去看爸爸，爸爸经常会在工作的时候偷偷带上他，有时候还让他帮点小忙。所以，余子谦也学会了简单的安装。

余子谦从10岁那年就暗暗发誓，将来长大会让爸爸妈妈和别的父母一样，拥有好生活。那个时候他还不懂，究竟怎样才算一种好生活，不过至少他知道一点，不要让父母再如此艰辛。所以他一直非常努力。

从上学的时候起，他便告诫自己，别的孩子可以偷懒，他不可以。别的同学有条件请辅导老师，他必须靠自己。别的孩子可以考不好，他不可以。

他对自己有铁的纪律和钢的要求，因为他看到的不是成绩，而是爸爸满脸的汗滴。

工作之后，别的同事可以去休闲玩乐，他常常加班到深夜，他告诉自己，必须做好每件事，珍惜每一次机会。

就在一个月前，公司筹备很久的一个大型活动，他们策划部的方案却没能通过上层领导的最后审核，当时距离活动正式举办只有三天时间，策划部的方主任非常焦急，召开紧急会议，重新策划，可是这个任务如此惊险，如此紧急，没人敢承担。方主任已经要哭出来，在燃眉之急，余子谦主动承担了这个任务。

当然，谁都知道，这一举，不成功便成仁。可是他不这么想，他只是想认真地去做每一件事。成功失败，都是收获。

两昼夜不眠不休，他终于做出了一份让领导非常满意的方案，当活动圆满成功之时，方主任紧紧拥抱了他。

如今，他已经通过自己的努力让家人搬进新楼区，拥有了高品质的生活。

<u>5</u>

"原来男神是这样炼成的……那么，你现在的心愿已经都实现了，你还那么努力干什么呢？"慕晴问。

"因为，我喜欢上了一个女孩，我想为我们的未来而努力。"他沉默片刻，目光灼灼。

"哦，我能……问一下这个幸运的女孩……她的名字吗？"慕晴犹豫着问。

"她叫柳慕晴。"他灿然一笑。

他对世界许下心愿，以昨日沧桑，以满满的诚意，换取明天的幸福与光芒。岁月温柔，终会眷顾，不负期许。

因为爱情，你有了秘密。因为爱情，你找不到自己。山高水远，相爱相依。桑榆非晚，一切都有了意义。

# 桑榆非晚，
## 山水又一程

### 1

那一天我看到了你在微博上发的那组照片。一共 4 张，你说这是一组有故事的照片。我仔细看了一下，还真是个缠绵的故事。

让我来猜一下这个动物界的爱情故事吧。

起初，第一场雪，照片上的这个天台应该是两只猫咪的约会之地，虽然天台被薄雪覆盖，却还留下两只猫咪的脚印。第二场雪，只剩下了一只猫咪的脚印。第三场雪，其中的一只猫咪独自来这里徘徊，终于决定离开，留下无数凌乱的脚印。第四场雪，另一只猫咪形单影只，黯然神伤，凝望着远方，薄雪已经覆盖了一切，只剩离去的那只猫咪的寥寥脚印在一片洁白中诉说过往。

多么像我们人类的感情。

半年之前，你还是那只黯然神伤的猫咪。

你想不通，为什么常毅会在打了你之后不辞而别。明明错的那个人是他，而不是你。

你想不通，为何你迁就他那么多，反而换来深深的伤害。

比起身体上的伤痕，心里的伤痕更加让你感到无边的痛，在无数个失眠之夜，你开始重新思考你的感情，你的人生。

你曾以为，你可以放心地把自己交给常毅，毕竟他热烈地追求了你两年多，可是，一切不如表象那般简单，热血到底输给了日常。时间越久，他越发变得让你觉得陌生。每次恼怒争吵，他都会如同嗜血的猛兽，在你的身上留下痛苦的印记。你从开始的委屈大哭渐渐变成习以为常的隐忍，无声落泪。而在暴怒之后，他又变成无助的羔羊，失魂落魄，跪在你的面前，乞求你的原谅，让你无法硬起心肠离开他。

在那些不眠之夜，你心中呐喊的名字是——沈星辰。沈星辰，我该怎么办？

可是你不敢让他知道。

因为沈星辰是看不得你受到伤害的，哪怕一点点。

## 2

沈星辰是你生命中唯一明媚的光。

你有时候想，如果没有沈星辰，你的人生实在没有什么色彩。

遗憾的是，你和他之间隔着薄而透明的窗，近在咫尺，却永远不能触摸彼此，这大概便是世界上最遥远的距离。

其实你不是没给过沈星辰机会，还是在大一的时候，他有一次向你借书，你在书中夹了一张纸条："If you do not leave me, I will by your side until the lifeend."（你若不离不弃，我必生死相依。）可是让你未料到的是，之后，沈星辰便有意疏远你，你于是明白，他大概是不喜欢你的。

说起来，那还是你第一次那么勇敢，很多人的追求你都视而不见，他的乐观和热情却深深地吸引了你。他的出现让你清冷的世界变得流光溢彩，所以你不可遏制地喜欢上了他。可是，真的是世事难料，他竟然不喜欢你。你后来想通了，还是做朋友吧，感情免谈。

你郁郁寡欢了好长一段时间，而他，热情的天性使然，没多久又和你亲近起来。只是，稍稍有了一点距离。你仍然按捺不住对他的喜欢，仍不由自主地追踪他的脚步。于是，你们成了最好的知己。

沈星辰说，他一直相信，男女之间是存在至纯的友谊的，并且一直向你灌输着这个思想。而你也很愿意相信这个思想，一直在身体力行地证明着这条真理。

## 3

这么多年来，你们保持着惊人的默契。你不恋爱，他也不恋爱。在你和常毅恋爱之后，他有了那个唯一的前女友卢菁。

他带卢菁来见你，一定要你审核过之后，才肯和卢菁在一起。

可是在三个月后的某个深夜，你意外地接到了卢菁的电话。

你眯着眼摸到枕旁的手机，便听到了她愤怒的声音：

"伊雪，我甘拜下风，我认输，你们就不要藏着掖着了。昨天的庆功宴上沈星辰喝多了，我翻了他的手机，不管是他的企鹅号还是微信，你的名字都被他设置了置顶，甚至手机通信录上还把你的名字前加了一个字母 A，就为了你的名字能出现在首位。我想请问你，为什么我这个所谓的女朋友都没有你这样的待遇？你们只是好朋友？有这么简单吗？我退出，追我的人那么多，我不缺一个沈星辰，送给你，不，还给你。哈哈。"

她挂断了手机，你失眠了。

沈星辰一直很努力，努力成为你喜欢的样子。他说，他只有无比努力，才配得上你这么优秀的好朋友。按照他的理论，朋友也要讲究相互匹配的。可是，谁说学霸就不能爱上学渣？

比如，你深深地爱上了他。可是，在他心里，你还只是好朋友，非常重要的好朋友。这也是一种欣慰不是吗？毕竟，你在他心里的地位连他的女友都会羡慕。

男生女生之间，如果能有如此至真的友谊，那也是无比幸运的吧。

你起身去了阳台，望着窗外的浓重夜色和七彩霓虹，你想问那穿梭在夜色里的车水马龙，他们是否都奔赴另一个时空，在另一个时空，是否你们能够深情相拥。

你们一直是最好的朋友。多年的情义，从未更改。

最好的朋友便意味着，有福同享，有难同当。

所以，当听到你再次被打伤进医院时，沈星辰便愤怒地去找常毅。常毅却人间蒸发了半个月后才出现，并且，还和一个姑娘亲密地牵着手。当然，他领教了沈星辰的拳头，沈星辰质问他凭什么对你施行暴力，常毅不屑地笑了笑，沈星辰练过跆拳道，三下五除二，差点扭断他的胳膊，沈星辰架着他来到你的面前，你看着常毅，忽然释然地笑了。

"常毅，这回我不欠你什么了，我不确定你从前对我是不是爱，但是谢谢你离开我。"你平静地说。

"也谢谢你，星辰。"你想笑，你的眼中却落下泪来，不知为何，在他面前，你总是脆弱。

## <u>4</u>

那个愚人节实在不是个好日子，你和几个同事喝了点酒。之后，居然没人阻拦你，你一个人开车回公寓。当然，会是那个结果。你的车子摇摇摆摆，不仅连续闯了5个红灯，还撞上了擦身而过的一辆车。所幸，你和那辆车的司机都只是轻微撞伤，住院几天就会治愈，并无大碍。

可是你因为低血糖昏迷，被紧急抢救。当你悠悠睁开双眼，你便看到他红着眼睛坐在你的病床旁。

你不知道又是怎么走漏了风声。明明沈星辰打电话来的时候，你说正在休假，他都已经相信，还问你要不要去哪里玩，他可以出差回来之后陪你去。

可是，他从朋友那里知道了你的事，当晚便订了最早一班航班飞回。

他弯下腰吻了你的脸颊，有冰凉的液体落在你的脸上。你想笑——那么坚强的一个大男人，这是怎么了？我又没死。

可是他说了一句英语："If you do not leave me, I will by your side until the lifeend. "（你若不离不弃，我必生死相依。）

这句话，许久以前你写给他，如今听来，万千感慨。

沈星辰接下来的话终于让你泪水决堤。

"伊雪，原谅我，原谅我的英语实在太烂，当年这句话，我翻译成了'如果不滚开，我就和你同归于尽'，我以为你讨厌我到极点，让我离你远点，所以，我一直不敢走近你，一直和你保持距离。害怕一靠近，就会失去你。原谅我一直用谎言骗你，也骗我自己。其实我从来不认为男生女生之间有纯粹的友谊，那不过是我接近你的理由。就在昨天，我才从一个同事口中知道，原来那句话是个天大的误会。这么多年了，希望我现在说爱你还来得及。"

你终于哭笑不得，喜极而泣。

他说，所以，一定要好好学习。

因为爱情，你有了秘密。因为爱情，你找不到自己。山高水远，相爱相依。桑榆非晚，一切都有了意义。

人生从来无法按计划预期，一定都要全力以赴，不要等到来不及，或许，你与幸福只是一个告白的距离。

# 爱情澎湃，
## 莫要等待

*1*

2015 年 4 月 23 日，穆艾明在香格里拉举行了盛大的婚礼，他的新娘叫许安迪，并没有很大名气，可是在朋友们眼中，却是神一般的存在。

穆艾明在婚礼上说，他非常爱他的新娘，追了很久才追上，但是许安迪的闺密一直在偷笑，因为事实上根本不是那么回事。爱情真是个神奇的东西，为了老婆大人的面子，一个绅士居然可以指鹿为马，黑白颠倒。

事实的真相是，许安迪追的穆艾明。

许安迪经常沉醉地跟闺密还原他们的初遇。那是一个春风沉醉的清晨，许安迪有一个重要采访，出来得有点晚了，她开着车一路狂奔。行到一半路程，遇到红灯，焦急地等了两分钟，红灯刚变绿灯，她的车便冲了出去，未料，因为技术差，刮到了旁边的一辆车。那辆车的车主立刻下车看车的伤痕，还好，不是很严重，可是那车很贵重，那一刻她骂自己不长眼，居然刮了一辆宾利。

那宾利车主皱着眉头看着许安迪，也不说话。安迪明白，通常有身份的人都沉默是金。这默片的潜台词就是：反正你这祸是闯下了，本尊看你如何表现？

许安迪强作镇定地笑笑，没怎么样嘛，只是一点小刮痕，看不出来的，哈。然后她耍赖说："这位先生，我在赶往一个重要的地方采访。"她一边说一遍晃了晃手里的记者证。

她的潜台词是：别惹我，我是记者，惹我生气，后果很严重。

她的赖皮行为足够让人生气，可是那宾利车主居然笑了一下，然后他从衣袋里掏出名片递给她，说："好，先这样，我也赶时间，这件事我们稍后再处理。"

之后，他便匆忙上车，那宾利疾驰而去。许安迪看着那车消失好久还愣在原地，心想：这人一定是外星人，居然这么好糊弄。

许安迪到了 DRT 大厦，见到被采访嘉宾才知道，原来这位嘉宾就是刚刚的宾利车主。

穆艾明，归国华侨，英国牛津大学法律系硕士，ANMM 律师事务中心首席律师。

怪不得，他的脑细胞组合方式的确和正常人不一样。

她看着他担心起来，他会不会不合作？没料，穆艾明笑了："我们又见面了。"采访非常愉快和顺利，她清晰地知道自己喜欢上了这个思维迥异的归国华侨。于是，要离开的那一瞬，她便做了此生最重要的决定——追求他。

已经知道他是她的校友，他只不过比她大几届，学妹追学哥是最平常不过的事，所以，她不过是再给这个经典恋爱模式再增加一个案例，希望是个成功的案例。

此后，许安迪变着法地用各种理由找穆艾明，讨论采访的稿子，咨询一些专业问题，继续约时间采访，以校友身份请他吃饭，不胜枚举。当然，许安迪很无赖地一直拖，最后也没有赔付穆艾明的修车费。

## 2

她追求穆艾明这件事，当时朋友们并不看好，都劝她没可能的事不要去做了。穆艾明是归国华侨，学识渊博，年轻有为，许多女孩子趋之若鹜，其中不乏颜值、家世都极好的姑娘，可是许安迪说："我喜欢他，我就要去追。"

因为，她太知道，爱要大声说出来，她太知道，爱情不能等待，她不想再来不及。

没人知道她心底的伤疤，锦瑟年华不仅带给她成长的喜悦，更给她留下无尽的遗憾。

许安迪在高中时代起就开始暗恋隔壁班的男生薛言，和很多女孩一样，那个男生深深影响了她的整个青春，他的举手投足，一颦一笑，都成为她喜怒哀乐的最大理由。烈日炎炎，宁可顶着骄阳在校园里走那条远路，也不走绿树成荫的近路，就为了能经过篮球场，看一眼他投三分球的潇洒身姿。在冬日清晨，宁肯早起一个小时去坐校车，绕路到学校，也不用小叔开车送，尽管小叔从近路径直穿行，20分钟就可以到学校，只是为了能和薛言乘一辆车，一起奔赴远方。

高考时，她悄悄地和他报了同样的城市，同一所大学，并且幸运的是，他们真的考入了同一座城市，虽然不同学校，却也是莫大的喜悦。

她暗自谋划，在大学一年级的暑假就去找他，和他一起乘火车回家。可是没有等到那个暑假，她便听到了让人震惊的消息。薛言的老师带领同学去外地考察一个星期，遭遇地震，薛言和另一个同学不幸遇难。据后来被抢救过来的同学说，薛言遇难时一直在喊一个名字——许安迪。

许安迪不知道是如何度过那段时间的。

她的爱情还没开放便已凋零。

如果她曾早点儿告诉他，我爱你。

如果他曾早点儿告诉她，我爱你。

那么，至少，他们都不曾遗憾。

可是，终究没有来得及。

## 3

整整三年，许安迪生活在阴霾之中。她无法原谅自己，痛恨自己。

此后，她便懂得了，对于所热爱的，要竭尽全力去奔赴，因为人生没有那么多时间去浪费和犹豫，一切都可能来不及。

所以，此后的许安迪在大家眼中变成了一个特立独行的人。

许安迪在大学四年级时终于走出阴霾，爱上了一个建筑系的学哥佟瑞，大学毕业后放弃了保送读研的机会，义无反顾地追随他去了国外，一年以后却因佟瑞劈腿，一个人形单影只回到国内。她回到了老家，她爸爸托关系将她安排到一家机关办公室做文员，薪水丰厚，工作清闲，可是没过几个月，她便对工作毫无兴趣，自作主张辞了职，引来家人众怒。没多久，她独自一人来到北京，经过几个月的努力，成为一家杂志社的采访记者。

这是她一直向往的工作，辛苦却充满喜悦。

几年之内，她身边的朋友有的去日本北海道祈福，有的去泰国缅甸许愿，在异国他乡留下自己虔诚的祝愿，希望暗恋的那个人能早日明白自己的心意，希望各路神仙能保佑自己和暗恋的男神有一次完美邂逅。

可是，许安迪比谁都清楚告白的意义。

再虔诚的暗恋，不如一次唐突的告白。

人生并不漫长，分秒弥足珍贵。

很多事，如果不去做，真的会来不及。

## 4

许安迪并不后悔自己和佟瑞的感情。至少，她真心诚意地爱过，结局虽不完美，却毫无遗憾。

所幸，她终于找到了那个可以执子之手的穆艾明。而之前的一切便都有了意义。

虽然是她追的他，可是那又有什么关系？他并没有让她失望，他爱她甚至比她爱他还要多，她实在是赚到了。

她表白的那天，风和日丽，她盛装出现在他的面前，她说："穆艾明，你听好了，我爱你，从撞车那天起，我就打算这辈子都赖着你。"穆艾明什么都没说，俯身深情吻了她，从他的眼中，她看到了惊喜和宠溺。

人生从来无法按计划预期，一定都要全力以赴，不要等到来不及，或许，你与幸福只是一个告白的距离。

纵然成为全世界的偶像，我只在乎你。

我不需要让所有人喜欢，你一个人喜欢，
足矣。

# 我不需要让所有人喜欢，
## 唯一需要让你喜欢

*1*

影后张曼玉涉足摇滚界，还签约了一个特立独行的摩登天空，这条消息惊艳了整个世界。

当然，有人说，音乐界和演艺界就是相互比邻，演艺双栖或者三栖明星都大有人在，跨界毫无困难。但是这世界上还有这样一些人，我们知道的身份是记者、公务员、工程师、秘书、医生，而在另一个自由空间，他们是摇滚歌手、作家、作曲家、舞台剧演员。他们的双重身份天壤之别，每天都在跨界，穿梭于不同时空领域，纯粹又快乐地奔赴梦想，徜徉人生。

我的身边有这样一个小人物——伍紫筱，某个小城某个小街某个小书店的图书管理员，每天朝九晚五，陶醉于与书为伴。

我的身边还有一个声名鹊起的网络剧配音演员木晏晏，微博粉丝数正在以千为单位剧增。

可是你是否能猜得到，伍紫筱等于木晏晏，她在生活中泯然于众人，而在另一个世界里，与你邂逅，奉献精彩。

静谧的书店，精彩的舞台，她转换得异常自如。走上这样奇妙的人生之旅，筱筱要感谢生命中曾路过的那个人。

筱筱是声音控，从小对好声音便毫无抗拒力。

还在幼儿园里，有一个阿姨的声音总让她想起绵软 Q 弹的水果软糖，听到那个阿姨说话，不论怎样的情绪，都会乖起来。长大一点，喜欢英语老师黄鹂一般的声音。后来，她发现自己对男生的声音格外敏感，尤其是那种略带粗犷的磁性声音，简直着迷。

而当她第一次听见他的声音，便知道，这声音将会让她在劫难逃。

乔寒，知名情感主播，所主持的节目《夜阑珊》深受听众喜爱，尤其是年轻人的喜爱。

筱筱第一次听到乔寒的声音，想到了一个名字——童自荣。这位曾经为无数译制片配音的前辈的声音唯美而旷远，可是筱筱总觉得他的声音过于高雅。而乔寒的声音唯美中又糅合了一种特殊的磁性，并且起承转合间又增添了很多亲切感，让人不由得上瘾。

筱筱便上瘾了。

让筱筱上瘾的还有另一个原因。网络上，乔寒的照片铺天盖地，他的侧影和她的初恋男友有些神似。所以，这难道是上天又给她送来的一段缘分吗？

筱筱本是某一天偶然听到他的节目，却从听到那刻起，不可遏制地要去关注他，了解他。很轻松，便加入了他的粉丝企鹅群和微信群，每天都关注他和节目的各种动态。

狂喜。大概只有这两个字能表达她彼时的状态。每个粉丝的留言和评论她都不会错过，她想要探究，想要分析每个听众对他的评价，他们写下的仰慕的字句完全就是她的心声。这样全天候地关注和守候，却要等到暮色沉沉才能迎来他的姗姗来迟。

可是，喜欢一个人怎么会责怪他来得晚呢？他的声音响起，夜色都变得异常温柔，连风都在低声絮语，生怕打扰了他好听的声音。

乔寒的节目中常常会有听众点播歌曲，在特别的日子送给特别的人，也会有许多抽奖或者和听众进行互动。筱筱每天都想成为那个幸运听众，却迟迟都没有拨打电话，因为她觉得那是一种神圣而庄严的时刻，一定要留到最合适的时间。直到那一天，他的生日，她拨打了热线电话给他，点了一首《千里之外》，他曾说过，那是他最喜欢的歌。当他的声音就在耳畔响起，如此真实地就在电波的另一端，她甚至要垂泪。

"这首歌，献给一个非常重要的人，祝他的事业越来越顺利。"她说。

"好的。筱筱，是吧？你的这个非常重要的人一定守候在节目旁边，好幸福哟！"他笑了。

筱筱多想说，就是你啊，乔寒。

筱筱也笑了，如此，很好。

点点喜悦已经在心底升腾。

## 2

可是没多久，粉丝群里，大家就在说，乔寒已经有了新女友。是啊，像他那么出色，怎么会少了漂亮女孩追求？

听说是北大毕业的高才生，刚刚大学毕业，从大一开始听他的节目，追随节目好几年，毕业便放弃了优越的生活，追到 D 城他身边，还跟父母翻了脸。

还有人甩出好几张女孩的照片，果然国色天香，气质出尘。

有人调侃："啊哈哈，是不是主播的女友都得先做他粉丝，之后再晋升？所以群里这些姊姊妹妹，你们起点慢了呀，人家小姑娘从大一追到大四，你们才刚刚开始崇拜，明显成绩没达标，没机会了哟。"

有人在哄笑，筱筱的心在下沉，如千斤巨石坠下深渊。

是的，上一次的点播应该就是此生最亲密的一次接触吧。

可是筱筱还是很喜欢他的节目，每天仍然按时收听。

偶然有一天，群里有位叫金刚战士的人发来了消息："征集网络短剧的配音演员，没有酬劳，只是大家的兴趣爱好，愿意尝试的请留言给我。"

筱筱盯着那个消息，一字一句地读了两遍，然后，给他发了消息。

"我报名。"她简短地说。

"好的，把名字和联络方式告诉我。"

筱筱没有料到，这简单的一个决定，后来成为她人生的重大转折。

金刚战士叫陆永，毕业于S大工程系，地道的理工男，却有一颗极其文艺的心。那时候和几个伙伴刚刚大学毕业，在找工作之余做了一件大事。当然，那一刻他们还没有料到，这件事会有后来的影响力。

只是一时爱好，几个喜欢玩乐的朋友在一起经常恶搞，某天突发奇想，要不我们将有趣的电影电视剧片段做个剪辑，拼凑到一起，重新配个音，会不会产生奇异的化学反应？理工男陆永在学校名气很大，不是因为学业，而是以段子手著称，思维奇巧，口吐莲花。所以，剧本不成问题，只需要几个配音演员的加入。

有缘人自会相遇。如此，在人声鼎沸的庞大的粉丝群，筱筱遇到了陆永。

<u>3</u>

这的确是一件振奋人心的事。

筱筱还没有配过音，到他们简易的录音棚试了音，忐忑又兴奋，那陆永一个人却掌声响起，极大地肯定了筱筱的能力。

那一夜，筱筱失眠了。

她预感到一股巨大的浪潮正在袭来，那浪潮将黑暗吞噬，天光一点点变蓝，带着红晕，她醒来时，光芒万丈。

他们组建了一个工作室"竹林之笛"，给电影的经典桥段加以不同风格的配音，也将热门的电视剧片段重新剪接，独出心裁，加以另类配音，这些配音在互联网上一经播出，便惊艳了整个屏幕。

很短的时间，视频播放量就已经惊人，微博转发无数，重新编排的剧情，或哲理，或搞笑，或文雅的配音让人耳目一新。

这些有趣奇巧的剧情背后的那些声音，终于吸引大家去探究。

在一年之后，他们终于应网友的要求，出现在大家视线内。原来，那个蹦蹦跳跳的小精灵，配音的演员叫筱筱；原来，那个凶狠的恶婆婆的配音演员也是筱筱；原来，那个甜腻的声音也是筱筱——原来，她一个人在幕后诠释了很多人的声音。原来，整个《竹林之笛》工作室，配音演员总共 5 个。

令人赞叹不已。

<u>4</u>

在工作室，无敌手陆永无赖地说，只有和筱筱配情侣，他才能达到最佳状态，写出好段子和台词。半年之后，他们相爱了。

乔寒结婚的时候，祝福铺天盖地，筱筱也在粉丝平台上写了祝福语。她惊讶地发现，他的粉丝真的是无穷多，所以，真的不缺她这一个。

而她，只有陆永一个粉丝就够了。

世界再大，只有陆永身边才是她的家。

她很感谢乔寒，感谢他的节目带给他很多温暖和希望，更感谢他让她和她的幸福相遇。

书店小妹和知名网络配音女神，其实并不矛盾，她们合二为一，而这奇幻之旅，她想和陆永一直携手走下去。

纵然成为全世界的偶像，我只在乎你。

我不需要让所有人喜欢，你一个人喜欢，足矣。

感谢远方那个男生，不曾生死相许。原来，她的幸福不在远方，而是近在咫尺的距离。

# 让我感谢你，
## 不曾生死相许

*1*

自从电影《当北京遇上西雅图》上映之后，西雅图便成了很多人心中的浪漫之所，向往之地。这部电影，琦安一个人看了不下十遍，她无数次地幻想自己便是女主人公，在那个细雨纷纷的夏夜，站在那片浪漫的热土，转身便邂逅她的程严。

没错，琦安比任何人都更加渴望一下子飞到西雅图，因为那里有她的程严。

需要更正一下，是曾经的程严。

女孩子痴情起来真是让人很心疼。

大学整整 4 年时光，所有认识琦安的人都知道，她的男友在西雅图，很快就会回来和她结婚。所有人都知道，她的男友爱她如生命，虽然远隔千山万水，却总是关心备至。但凡节日，不论大小，琦安都会收到他贴心的礼物，更别说琦安的生日了。在朋友圈里，大家每天都能看到琦安回复的消息："你也要早点休息哟，别太累了。"两个人浓情蜜意，实在羡煞旁人。只是，遗憾的是，西雅图实在是太远了，一年才能回来一次。

琦安的微信背景图是他们从前的大头像，两人穿着条纹情侣衫，在抢着吃一根雪糕，看着都觉得欢乐。那是大一那年的照片，也是最后一张。

大概也只有我知道，程严早在大三就和琦安分手，在《当北京遇上西雅图》上映的时候，他已经在西雅图定居。

他们的爱情，从被严密监控的高二偷偷互写情书，到大学二年级结束，中间跨越 4 年。大概是因为程严去了西雅图读书，西雅图实在是太远了，这份情便再也跨不过去了。

说到底，还是琦安爱程严多一些，尽管是程严先追的琦安。

其实，琦安一直不相信，从西雅图到 L 城会有那么远，远得阻碍了他们之间的爱情。想起从前，哪一天傍晚不是程严乖乖地守在电脑旁，耐心地等着她下课回来慵懒地和他视频？他在那边热切地问东问西，琦安在这边一边吃东西一边追剧，一边再闲闲地赏他几个"嗯，哦，好"。每次都是程严恋恋不舍地等着琦安先收线，他才算完成一天的任务。

可是，不知道从什么时候起，视频不再频繁，电话逐渐稀疏，微信也不秒回。他们渐渐换了位置，琦安在微信上发一大段文字，很久才能等来程严的一句言简意赅的回复，这个比例严重失调，导致琦安的睡眠严重失调，各种恶果不断袭来。琦安变得焦灼，开始掉头发，脸颊不再明艳，而是日渐憔悴。大三的那一年，琦安的体重最少的时候降到了45公斤。

这种日久天长的煎熬带给琦安的唯一补偿便是，大三那年，她在天涯开始连载小说。虽然小说不温不火，但是她自己很着迷，这大概是唯一能让她快乐一点的方式了。可是，尽管这样，她还是有时候会梦见程严。

琦安打定主意，毕业之后要去西雅图，她觉得或许是她的错，如果她能去西雅图，或许程严就和她和好如初了。至于他现在那个外国妞儿，当然跟她比弱爆了，她一定会打败外国妞儿的，要知道，他们是初恋呢！

## 2

琦安一直准备要考西雅图的医学院，可是直到毕业前才发现，这两年忙于写小说，疏于功课，成绩很不理想，于是准备突击。此外，还有很多事情需要去做，比如，需要了解报考的流程，申请表怎么填，需要提交哪些资料以及都要准备什么考试。

在那个失眠之夜，琦安坐在台灯下，在小说后面写了帖子求助。

平时庞大的粉丝团关键时刻居然集体缺席，一连几天没人回复。琦安简直要崩溃了。

第四天，才等到一个叫梁臣的很勉强的回复："加我吧，都没人回复你。号码 12345。"

琦安哪管对方态度，解决实际问题就 OK，一边撇嘴，一边加了他的 QQ，有什么了不起，不就是帮个忙吗？

"Hello！我是琦安。"

对方沉默。几秒钟后，发过来一串文件，让琦安应接不暇。然后，他才说话："这些，自己去看。有问题找我。"

琦安很憋屈，她于是敲了几个字："你难道不是我的粉丝吗？你难道不应该对我热情点吗？"

"我这不是在帮你吗？"那人沉默了好一会儿才回复，似乎思考了好久，该怎么说。

琦安明白了，遇见了一个奇葩，会做不会说。

"好吧，谢谢！"

"不用谢！"

琦安愤愤然下了线，才仔细看了那些资料，于是嘴角开始慢慢扯开，终于喊了声："耶，万岁！"

资料整齐而详尽，应该是他之前申请的全部资料。并且，琦安发现了一个事情，这个梁臣专业能力很强。里面有一篇他的 paper，做得相当好。如果他能帮忙辅导一下，考上西雅图医学院根本不是个问题。于是，琦安决定，忽略他的笨嘴拙舌，继续找他帮忙。

接下来的两个月，是琦安几年来最快乐的时光，琦安经常一不小心就捉弄了不善表达的梁臣，梁臣也不生气，还乐不思蜀。两个月期满，琦安无论是专业知识还是英文能力，都有了相当大的提高。梁臣赞许地说："你会成为西雅图医学院最好的学生。"

很快收到了来自医学院的 Offer，琦安终于实现了去西雅图的夙愿，可以去和程严来一次浪漫的邂逅了。

可是已经很久没失眠的琦安那晚却再次失眠了。她突然发现，失去梁臣的恐惧远远胜过了实现夙愿的喜悦。那喜悦正在一点点削弱，一层层剥去，最终变成了苦涩，不断膨胀和蔓延，遍及了她的全部神经。

琦安坐起来，在 QQ 上敲字："我终于拿到 Offer 了，你替我高兴吧？"

一声滴滴突然在寂静的夜里响起，琦安吓了一跳。

"不太高兴。"是梁臣。

"为什么？你怎么还没睡？"

"以后见不到你了，就睡不着。"

琦安愣在那里，沉默了好久，倏尔笑了。

## 3

琦安没有去西雅图，因为诚实的心告诉她，对她来说，梁臣更重要。

琦安直到跟梁臣相爱半年后才知道，其实梁臣从一年前就开始追她的小说，每晚雷打不动地等更新。琦安加他的那个晚上，他整夜都在狂喜之中，失眠到天明。

遗憾的是他的最大缺点就是，心里想的总是不能很好地表达出来。

可是有什么关系，有缘的人自会相遇，相爱的人自会相通。

不久前，琦安和梁臣一起去看了《北京遇上西雅图之不二情书》。

那晚，霓虹灿烂，万千星光共璀璨。

感谢远方那个男生，不曾生死相许。

原来，她的幸福不在远方，而是近在咫尺的距离。

*曾经年少爱上他，婆娑世界，他是唯一。她却从不敢轻言妄语，他一直是她奋斗的唯一动力，终于成就了今天的她，如他想象般美丽。还好，没错过，那些美好，他同样珍惜。*

# 我一路奔跑，
## 才敢邂逅你

### *1*

2015年深冬，北京罕见地下了一场大雪。雪花飞舞，却没有什么浪漫的心情，唐楠刚回国，身份证便丢失，只好踏着雪去派出所补办。那声"咔嚓"之后，负责照相的那位女民警给她写了回执单，叮嘱她半个月后来取身份证。唐楠却想起一个人来。

雪花越来越大，北京还极少有这样下大雪的时刻。路上的车辆都像陷进了白色的蜜糖里，行人都撑着伞来遮挡这铺天盖地的雪花。唐楠的心里却泛起酸痛，没有撑伞，仰面迎接这肆意的雪花。

身份证丢失，恰好可以将那个丑小鸭藏进历史里。可是有些记忆，无从隐藏。

那是大学入学第一天，唐楠背着行李艰难地找到新生报到处，负责接待新生的学哥拿着唐楠的身份证看了一眼，便对她说："报到需要本人来，不准代替。"唐楠诧异地说："我就是本人啊。"那学哥又拿起身份证仔细看了半天，说："说一下你的身份证号。"唐楠背得流利，学哥这才相信身份证上的和面前站的是同一个人。

这个认真负责的学哥，便是居岩，学生会主席兼宣传部部长。

唐楠怎么也没想到，后来自己会爱上他，又怎么会想到，认识之初便给他留下如此深刻的印象，以至于后来她需要不断去刷新自己在他心中的形象，可是似乎已经无济于事。唐楠无数次地懊悔，为什么没有在照身份证的时候好好整理一下自己的妆容，居然留下了历史性的遗憾。

至于爱上他，甚至不需要理由，因为他是那么优秀的存在，帅气俊朗，又才华横溢。不知道是因为听了他唱哪首歌，或者是他的哪个笑容，甚至哪一次皱起眉头，谈笑间，自己的心就已经被他轻而易举地掳走了，而他，还独立于世外，根本不知道这一切。

## *2*

2013 年，Selfie（自拍）一词成为牛津词典年度词汇，自拍在中国已经成为一种很普及的存在。当然也成了唐楠骚扰居岩的最重要的方式。

有多少真心话嘻哈着才能说出口，有多少玩笑传递的是真实的情意，不敢告诉他自己的爱慕，不敢去问他是否喜欢自己，只好做个好朋友，小心翼翼地掩饰自己蠢蠢欲动的心。

唐楠做得最多的大概就是自拍了，随手一拍，发给居岩。彼时居岩每次对她搔首弄姿发的自拍照都颇有微词——要不要这么自恋！低调，低调！她甚至都能想象到他皱着眉摇着头，无可奈何的样子。可是唐楠总是乐此不疲，嘻哈一笑，似乎得到的是居岩的无上赞美。

可是居岩怎会知道，唐楠之所以会如此热恋自拍，是一直想在他的心里雪耻。哪个姑娘不希望第一次见面给男生留下的都是诸如美好、圣洁、聪慧、飘逸这类的字眼，可是唐楠给他留下的却是身份证上那个丑陋的印象。

唐楠给居岩的最后一张自拍照是他们的合影，唐楠单手搂着居岩的脖子，偎在他的胸口，另一只手拿着手机对好光线，按下按钮，拍下这"历史性的时刻"。拍完后，唐楠看着手机上两人亲热的照片咯咯直笑："居岩，你说我们像不像真的情侣？这张你一定要留好，不许删掉，我想看到你将来女朋友吃醋是什么样的。哈哈。"唐楠笑得眼泪都出来了。

这是她给将来的自己最好的回忆。

## 3

唐楠后来就从居岩的视线里消失了，不只是视线，是彻底地从他的生活中失踪了，如果不是还保存着当年的这张自拍照，居岩甚至都会怀疑从前的人生里曾有过唐楠这个人。再也没人骚扰他，再也没人恶作剧，再也没人要求他帮这个忙，帮那个忙。从此，他的耳根子清净了，可以专心学习，专心做事，可是，居岩觉得不可思议的是，唐楠走了之后，似乎做什么都不能专心，他似乎丢了自己。

唐楠从踏上北欧的土地，便开始了颠沛流离的生活。一边读书一边打工，半年之内，换过三次住处。为了节省开销，要和人合租房子，遇到合租的人要结婚或者其他变故不能继续合租，唐楠又不想一个人担负两个人的费用，便只好再寻合租的人。唐楠最落魄的时候，曾在假期一个人打三份工，天刚蒙蒙亮，便已经走在打工的路上，穿着打扮像男生一样，厚厚的深色羽绒服和厚底的雪地靴，头部包裹得严严实实，只露出一双还未苏醒的眼睛，为了避寒，也为了安全。那个假期赚得很多，尤其是在那个快餐厅。可是因为一个不怀好意的有钱男人打起了她的主意，唐楠很利落地舍弃了那份工作。

唐楠那两年没什么节日可过，节日都是别人的，不是她的。

情人节，全世界都是红玫瑰和巧克力，冰冷的空气都散发出迷人的甜腻，可是唐楠在麦当劳紧张地忙碌。唯一能够激励她挨过漫长的黑暗的，是手机里的那张自拍照。

在唐楠消失的第二年年末，她辗转得知了居岩恋爱的消息。她苦笑了一下，便泪雨滂沱。是啊，没有人会在原地等你变得优秀，况且，或许居岩从没想过唐楠会爱他。

他是那么骄傲的存在，如众星捧月，身边从未缺少女孩，只是，他是那么挑剔的人，唐楠曾经无数次旁敲侧击地试探他心里到底喜欢谁，可是每个女孩他都能挑出毛病，不是公主病，就是没感觉，也不知道哪个仙女落入凡尘能走进他的心里。

可是，总归会有一个女孩最终征服他，比如现在这个叫陈思的女孩。唐楠记得她，是居岩的好哥们儿陈东的妹妹，几年前的一次会餐，陈东带她一起来过。大概从那时候起，她就喜欢上居岩了吧？她怎么会有唐楠爱得深厚呢？可是爱情从来不讲道理。

## 4

唐楠咬着牙挨过那段难过的煎熬时光，两年后，以优异的成绩硕士毕业，导师给她安排了很好的工作机会，可是她还是喜欢中国，那里有她的记忆，尽管只是她一个人的记忆。她考取了特许金融分析师（CFA），很顺利地进入 MM 金融公司，做金融管理。

　　人才总是会被重用，单位给她提供的是新人中的最高待遇，独立公寓，薪水也很理想。

　　唐楠工作的单位离原来读书的大学距离并不远。可是回国半个月后，她才找到空闲回学校看一看，似乎什么都没变，从前的教学楼、食堂、宿舍楼、操场、林荫道，还有游泳池，甚至临时设置的新生接待处，都和原来一样。似乎连天空都是和从前一样的湛蓝纯粹，从不曾被污染。变化的是站在窗前的人，身份证上的丑小鸭已经不见，玻璃窗里看到的是俊俏而优雅的姑娘。姑娘的眼中倏尔飘过一丝淡淡的忧伤，转瞬，双眼又变得灼灼而明亮。

　　唐楠从学校出来的时候，遇上了一位从前的同学，她惊讶地审视唐楠好久，攀谈起来，无意中说起，居岩和陈思不到半年就分了手，因为居岩后来说，他心里早有人了，忘不掉。

　　早有人了？唐楠怎么从来就没听他说起？要知道那个时候他们应该算最亲密的朋友了，他的保密工作居然做得这么好！

## 5

　　三个月后，唐楠和一位朋友约好在一家中餐厅吃午餐。唐楠落座的时候，发现座位的角落里有部黑色手机，应该是前一位客人不小心落下的。她拿起手机正要叫服务生，手机却铃声大作，响了起来。唐楠看着屏幕，登时愣在那里，红了眼眶。那闪亮的屏幕上，是几年前她和居岩的自拍照。

她知道这手机的主人是谁了。

她握着手机，对朋友说："对不起，我有急事。"之后匆忙地跑出去。

曾经年少爱上他，婆娑世界，他是唯一。她却从不敢轻言妄语，他一直是她奋斗的唯一动力，终于成就了今天的她，如他想象般美丽。还好，没错过，那些美好，他同样珍惜。

回首只见昨天的残骸，猎猎风中，勇敢向前，抖落身上的尘埃。春去秋来，笑看得失成败，苍茫如云海。

# 优雅且从容，
## 时光亦不负

*1*

那是竺维上任的第 32 天，也是他记忆中有特殊意义的一天，梅雨时节，难得晴朗得干脆，似乎天气都在配合他的心情，提示他那天应该做点什么。

竺维刚在总经理办公室坐定，秘书便敲门走进来递上一份辞呈。

"她人呢？"竺维看完辞呈，沉默了半晌，才急促地问。

"没看见万小姐。今天早上我来，这个辞呈就已经摆在我桌上了。"

"我不批！"竺维愤怒得几乎掀了桌子。

可是，他批或不批，已经不再重要，她终于彻底走出他的世界。

她有个好听的名字，叫万仟卉。只要听到这名字便令人向往，更何况她还有漂亮的容颜令人过目不忘。她和竺维相识于大学一年级，是彼时校园里的金童玉女，两人你侬我侬，羡煞学弟学妹们。羡慕过火，便想取而代之。大四那年，竺维春游回来，学妹姜怡便跟他十指相扣，万仟卉成了前女友。

竺维给万仟卉打电话，想讲述一下他和姜怡的爱情史诗，给她一个解释。万仟卉说："这个烂得不能再烂的剧情就不要浪费我的时间了。"可是她压下眼中的泪，沉默地看着窗外，她也无一例外地输掉了自己的整个青春。

一年后，万仟卉毕业来到上海，先后做了两份工作，都是广告公司的企业策划。人地生疏，许多问题扑面而来，听不懂上海话，生活窘迫，工作忙碌，文案做起来不知从何下手，和所有新入职场的新人一样，备受煎熬。所幸她谦虚又有韧性，虚心求教，刻苦努力。未料，刚适应这份工作不久，广告公司却宣布破产，遣散了所有的员工。万仟卉于是又来到了 WSN 公司，有之前的经验积累，她又勤恳努力，工作如鱼得水，深得总经理岑先生赏识。岑先生夸赞万仟卉有头脑，有创意，有魄力，将来必成大器。

没料到又一年后，公司有了大变动，岑先生被调走，让万仟卉惊愕的是，空降来的总经理居然是失联很久的竺维。

## 2

她慨叹世界之小和命运的捉弄，缘尽的两个人为什么还要每日相对，无言找言？

她想到过要离开 WSN 公司，可是这份工作和今天的成绩来之不易。花了一周时间，摆正了心态，也梳理好心情，毕竟，她做的只是一份热爱的工作，这份工作不仅能解决她的温饱，还能给她带来精神的富足。而他，毕竟只是工作的老板而已。所以，划好界限，客气而疏离，如此，相安无碍。

可是未料，一个月后是一年一度的招聘季，公司招来的新人里边，万仟卉看到了那个久违的，永远不想再见的面孔：姜怡。

她记不得当时自己的表情，只记得姜怡微微扬起下巴，眼光灼灼，傲然地冲她笑："仟卉姐，我们又见面了，请多关照！"她说得既开心又理直气壮，之后便拿着资料夹，跟人事小妹转身走远，只留下万仟卉在那里看着她高高的马尾巴一甩一甩，仿佛像鞭子在抽打自己的心，很疼。

没有证据证明姜怡是走了后门进的公司，姜怡却自己到处宣扬总经理竺维是她的后台，尤其是在万仟卉面前，炫耀真人版的霸道总裁和野蛮女友的浪漫。

## 3

可是竺维从大家闪躲的眼神中感到了异样，调查一番才知道，姜怡处处以竺总女友的身份自居，处处要特殊待遇。上班一边工作一边吃零食，穿着标新立异，众目睽睽随时补妆，到处散播他们三人的三角关系，背后说万仟卉的坏话，甚至当面跟万仟卉挑衅。不仅如此，而且工作拈轻怕重，处处偷懒。她的职责是外联，美其名曰化繁就简，基本上需要电话沟通十次，她会精简到五次，需要沟通三次的，她只沟通一次。至于在严寒酷暑亲自跑去外单位沟通的次数屈指可数。如此，许多重要事情被疏漏，给公司带来很不好的影响。让她做文案，她会推脱说："我刚来，这个不擅长，先让别人去做吧！"无论做什么，她都会三番五次出错，每次的原因都是"我刚来，还没有经验"。大家都很不满，却又因为她的身份特殊，不得不容忍。

竺维却终于忍耐到了极限，狠狠地痛斥了姜怡，告诫她以后努力工作，不准要求特殊待遇。

姜怡虽然抢来了竺维，可是万仟卉在竺维心里的分量，她比谁都清楚。这份工作，姜怡根本不喜欢，更不擅长，是因为万仟卉在这里，她才强迫竺维开了后门。虽然竺维不说，她却知道他从来没忘记过万仟卉，万仟卉工作上每有一点成绩，姜怡都能感受到竺维发自肺腑的欣赏。

所以，姜怡怒火中烧，在那个周一清晨，正值人来人往的上班高峰，将万仟卉截在公司门口，狠狠地扇了她一个嘴巴。万仟卉毫无防备，当时就疼得落下泪来。竺维赶到的时候，人群已经散了，他不顾身份跑到万仟卉的办公室，万仟卉只给他一个惨淡的笑容，之后便继续埋头工作。

竺维连续失眠两夜，终于跟姜怡提出分手，姜怡带着恨意，笑着说："好马不吃回头草，你还真想做个异类？"

可是，万仟卉没有等竺维幡然醒悟，没有等他想起，6年前的这一天，是他们定情的日子。那些承诺早已随岁月飘散，不着痕迹。

4

辞职之后的万仟卉并不顺利，一连两个月都没有找到合适的工作，疲惫的身体没有阻挡心的跃动，求职屡屡失败的遭遇，让她脑海中迸发出某种渴望，于是她根据自己失败的亲身体验，在网络上写下了第一篇文章《一个称职的广告策划是怎样炼成的》，未料，很快有人关注并写下评论。她一边找工作一边写网络连载文章，渐渐引起了广泛关注，很多家企业纷纷抛来橄榄枝，并且有出版商看到了商机，找她洽谈出版事宜，半年后，这本书出版上市，因为引起众多求职失败者的共鸣，所以迅速成为炙手可热的畅销书。

其实万仟卉和姜怡比别人还多一层亲密的关系，她们的妈妈曾是大学同学。姜怡的妈妈有一天醒来发现朋友圈里都在疯传万仟卉写书的事，大家都在点赞，她不甘心地说："姜怡，你争点气，学学人家……"

"我输了吗？我不甘心！"姜怡痛哭着说。

"可是，姑娘，你有什么不甘心？"

幸福不是凭空就得来的。很多幸福，抢是抢不来的，成功亦同理。

在你驻足挥霍总裁带给你舒适和奢华的时候，另一个姑娘已经在迎风逐浪，奋勇前行。万千繁花，已然盛开。

## 5

不论怎样的境遇下，人都应该保有一颗优雅而从容之心，恰如顾城的那首诗：草在结它的种子 / 风在摇它的叶子 / 我们站着 / 不说话 / 就十分美好。

这世上之美有很多种，却有一种美拥有穿越时光和黑暗的力量。

1987 年，一本英文版的自传《Life and Death in Shanghai》（《上海生死劫》）先后在英美两国出版。这本书教育了西方读者整整三代。它的作者郑念，1915 年出生于北京，丈夫是民国时期驻澳大利亚外交官。她的人生曾经历惊涛骇浪，触目惊心，可是《上海生死劫》最令人震撼的，却不是她遭遇的重重磨难，而是她在苦难生涯中从未妥协的勇气和智慧，那是她卓越的人格魅力。1990 年，加拿大歌手

CoreyHart 在专辑《Bang！》中，专门写了一首钢琴曲《Ballade for Nien Cheng》向郑念致敬。

这位郑念女士留给后人的照片让人叹为观止。她有一双不属于老年人的深邃且锐利的眼睛，一头华发，面容脱俗，每一个细节都彰显出她的卓越，那是穿透时光的夺人心魄的美。

而这种美，是岁月的馈赠，只属于优雅而从容的灵魂。

回首只见昨天的残骸，猎猎风中，勇敢向前，抖落身上的尘埃。春去秋来，笑看得失成败，苍茫如云海。

真正的爱情是光，是海，是太阳，是一切美好的代名词。是两个灵魂共同的升华，尽管会有不完美，尽管会有曲折，可是你每一分每一秒都能切实感受到巨大的生命力量的崛起。

# 我不想做咏叹调，
## 我只想做进行曲

### 1

我不喜欢张爱玲。

这 7 个字写出来，不知道会受到多少抨击。

因为喜欢张爱玲的人实在是太多了，那可是民国女神啊！她给中国文学留下多么丰厚的一笔资产，是多少人心中的传奇。

可是，我不喜欢张爱玲，尤其不喜欢她的那句"爱一个人，低到尘埃里"。

她的这句爱情观不知给多少女性带来了极坏的误导。

她大概未曾想过，在100多年以后，有很多女子正身体力行着她的"至理名言"，以大无畏之姿践行她的爱情道路，飞蛾扑火，为爱奉献，泪洒黄浦江，之后再学会坚强。

我身边便有这样一位勇敢的姑娘夏心妍，27岁，勇于为伟大的爱情抛弃生命。

天地无际，雪花飞舞，那男子身背画板，微笑着向她走来，雪花落在他的肩上，他的发上，他的眼角眉梢，使她有了错觉，仿佛正在走来的是《雪山飞狐》中的胡斐。如梦如幻的浪漫足够温暖心妍整个青春，那一刻她便知道，她的白马王子来了。

可是，她的白马王子来到她的身边，却不是为了来接她一起奔赴未来征程，而是因为，他迷路了："同学，L大怎么走？"

心妍大概只想到飘雪的浪漫，未曾想过飘雪的寒冷。

他叫程斌，艺术系新生，油画专业。

哇，那是崇高的艺术啊！这个艺术系男生对于一板一眼成长的心妍，无疑具有强大的吸引力。

"对了，你叫什么名字啊？"

"夏心妍，我是英语系的。"

"好，改天找你吃饭感谢哈。"

一切都是那么自然，一切都是那么顺理成章，夏心妍久已期待的应该就是这样一个人。艺术青年特有的狂放不羁和一点点的细腻，都让她着迷。

其实心妍在此之前从未主动追求过男生，可是不知为何，心妍对程斌就放下了所有孤傲，主动去追求。程斌是个聪明的男生，并没有让心妍费很多力气，总之，很快，心妍就成了程斌的女朋友。

自然是心妍对程斌的爱要多一些。

那时候为了画画方便，程斌在学校附近租了一个 8 平方米的公寓隔间。程斌专心画画，其他的一切都是心妍打理。给程斌买颜料画板，给程斌洗衣、做饭、收拾房间。心妍自嘲上得厅堂下得厨房，连她妈妈都不知道她这么能干。可是有什么办法呢？谁让程斌是学艺术的？学艺术是需要极大的自由空间的，不能被俗事所扰。

不是有句话说，每一个成功男人的背后，都有一个伟大的女人吗？很多名人的背后都有一双温柔却坚韧的手在支撑。那么，程斌，作为未来的艺术家，自然需要一个在背后支撑的女人，而这个女人就是她，这是多么大的荣耀！

## 2

心妍竭尽全力来支持程斌的艺术事业。

程斌需要模特儿，可是心妍身材不够完美，有赘肉。其实赘肉也不是很多，可是对于艺术来说，当然需要绝对精确和完美，所以心妍不辞辛苦地给他找到了合适的模特儿小 T。

小 T 是心妍亲自选的，从容颜到身材，都无可挑剔，心妍相信，一定会对程斌的事业有很大帮助。

第一天合作，心妍去程斌公寓的时候，他们已经完工，小 T 已经走了。程斌非常快乐，还哼着久违的歌。心妍想看看他画得如何，走过去揭那画板上盖的布，却被他吆喝一声："别动！让你动了吗？这是艺术品，是会碎的！以后别乱动我的东西。"

"怎么会碎呢？是画板而已。"

"我心碎。懂不？"

事实上，似乎是心妍的心碎了。

没多久，心妍在程斌的衬衫领口看到了口红印，却不是她的，还有格外芬芳的香水味，那也不是她的，她只用水果味的香水。那自然是来自小 T，那个有点妖娆的女孩自然和这种香氛比较相配。

心妍的心里有重物在坠落，她的心收缩在一起，甚至无法呼吸。好久，她擦干汗涔涔的额头，开始检讨：是不是自己的香水太过淡雅？是不是用一种香水时间太久了，以至于他厌倦了？

于是她决定换一种味道的香水，或许他能喜欢。

她去买香水，站在商场香水专柜前，仔细回忆他衬衫上的那种味道，在琳琅满目的香水瓶前一种一种去试，两个多小时的时间，终于找到印象中的那款香水味，她终于长舒一口气，可以回去了。可是她又想起，该给他买新衬衫了，她要他穿上新衬衫，配上她的新味道。

　　心妍回到公寓的时候，程斌正在专注地看球赛，心妍从袋子里拿出那件贵重的衬衫，亲昵地依偎在他的身旁，让他试试，可是他皱着眉头说："没见我在忙吗？不换！"心妍又洒了新香水凑过来，他却捏紧鼻子瞪着眼说："你去哪里野了，弄这什么味？好恶心，快去洗澡弄掉。"

　　心妍愣在那里，明明跟小T身上的味道是一样的啊！可是她还是乖乖地去洗澡了。因为他的话是圣旨，她喜欢接旨，那是她莫大的荣耀。

　　她总在想，这是未来的罗丹，未来的凡·高，杰出的艺术家自然是有脾气的。可是她大概忘记了，罗丹不为人知的是他残忍地剥夺了他妻子杰出的艺术才华，让历史只记住他一个人的名字，而他的天才妻子几乎被他逼疯，她的杰出才华知道者寥寥。

_3_

　　尽管心妍在努力做好自己，可是她仍然没能留住程斌的心。有一天，小T来找心妍，告诉她："你别傻了，他根本不爱你。他给你画过几幅画？做过什么让你刻骨铭心的事情？"

　　心妍想想，好像真的没有。自始至终，他只给她画过一幅素描。心妍懊丧地说："他忙，没时间，不过他说，将来会画一幅最好的画作送给我的。"

"这你也信？他画最好的画作是要去出售的，就你这姿容，当模特儿都不合格，他怎么拿去卖钱？毫无艺术价值。"小T蔑视地一笑。

那么至于刻骨铭心，似乎无从谈起。心妍有几次晚归，程斌去接过她。还有，就是有一天他心血来潮给她做过一次蛋炒饭，她觉得那蛋炒饭比世界上任何大餐都美味。除此而外，似乎就没有了。

心妍似乎明白了，她是时候要离开了。

可是没等她决定，程斌人生中的大事就来了，他已攒好作品，打算办画展了。

办画展一直是他的愿望啊，已经好几年了，为了他的艺术，为了他的事业，心妍决定不论如何，都要全力以赴帮他实现。他的家境并不是很好，是传说中的凤凰男。所以，自然是没什么资金。那么他只有她，她愿意为他去奔走筹钱。

她当然也没别的办法，只好去找那个忘恩负义的爸爸。这个爸爸已经撇下她和妈妈好多年，没别的优点，就是有钱。心妍从来不找他，只是，这一次除了他，没人能帮得上这个大忙，因为办画展需要很多钱。

心妍终于搞来了资金，于是程斌又对她好起来。他忽然想起来说："对了，心妍，这次闲下来，我给你画一幅，总得对我们的爱情留点什么来纪念。"

心妍当时眼泪就落下来，这是不是说，他还爱着她？

## 4

程斌的画展很成功，卖出了一些画，收回了一些资金。他开始声名鹊起，事业有了上升的趋势，心妍很开心。

心妍本想拿出部分资金来还给爸爸，不想欠他的人情，可是没想到有天中午看到小 T 在微博上晒出一款价格不菲的项链。那款项链，心妍心仪已久，程斌很早以前答应她，将来结婚的时候会送给她。心妍顿时泪水决堤。

没多久，程斌有一天匆忙打电话说，和一好友约好了一桩生意，要去出差几天再回来。

可是 10 天之后，心妍在他的衣服口袋里看到了他和小 T 去旅游的车票。他们去了很多地方，甚至去了天涯和海角。

哈哈，相伴到天涯。心妍觉得自己要疯掉了。

她去了酒吧买醉，一个人在酒吧门口吐得昏天黑地，要不是被巡逻的警察发现，她那晚估计就没命了。那晚，小城发生了劫持杀人案。后来电视新闻里看到了那个歹徒，恰好便是那晚心妍在酒吧门口遇见的那个问路的人。

心妍真的想死了。这个世界让她恐慌。她不明白自己究竟做错了什么，老天这么折磨她。

爱一个人这么难吗？

她把自己关了起来。整整 5 天，程斌没有打来一个电话，没有发来一个消息。所以，她的存在与否，他根本毫不在意。

经过那些不眠之夜之后，她想起一个地方来，她去了北京雍和宫，因为听说那里求签比较灵。

到了北京，无心赏玩，直奔雍和宫。却忽然接到姨妈的电话，妈妈因突发心脏病已经住院。

心妍想，或许来这里对了，给妈妈也求个平安。

她在雍和宫外排着长队久久地伫立，忽然茅塞顿开。她没有走进去，而是转身走掉了。

神仙那么忙，哪有时间管芸芸众生？人只有自己拯救自己。

## 5

妈妈病得很急，她来不及悲伤，日夜守候在她的病床前。

大概人在某些灾难降临，或者人生极限的时候反而能够大彻大悟。她终于知道，她的人生中不只有一个程斌，还有很多重要的人、重要的事，她期待的爱情，她向往携手一生的人不应该是这样的，她期盼拥有的并不是这样的人生。

她曾为了他舍弃了自己旅游记者的职业，就为了能很好地照顾他，等待一个天才的成长。

如今，他已成为参天大树，她是时候去成就自己了。

看到心妍最后走出迷局，我很欣慰。

爱情从来不该是独幕剧，如果一个男人不懂得怜惜，相信他不是真的爱你。虽然每个人的爱情各不相同，都有各自无可言说的体验，可是美好的爱情带给人的总归是晴朗多于阴霾，沉溺多于忍耐。不健康的爱恋，需要医治，不能任由病毒无限扩大以至于无法治愈。

爱不是放弃自尊自爱，一个需要放弃自尊自爱而换取的爱情又怎会是真正的爱情？

真正的爱情是光，是海，是太阳，是一切美好的代名词。是两个灵魂共同的升华，尽管会有不完美，尽管会有曲折，可是你每一分每一秒都能切实感受到巨大的生命力量的崛起。

对于所有的爱情小说，我更喜欢圆满的结局。

虽然悲剧更容易让人铭记，可是人生已经多艰，伟大的作家们，能不能不为艺术而艺术，给故事一个圆满的结局，给人一个对未来和美好的憧憬？其实，那也是一种伟大。

请原谅，敬爱的张爱玲女士，其实，感谢你给后世留下的巨著，那里有太多的寂寥和芳菲，让我们猛醒，照我们前行。不做咏叹调，只做进行曲。谢谢你的传奇。

昨日缱绻，永恒在心间。纵然折翼，纵然前路荆棘，她一路向前，此生再无畏惧。

# 时光不悔，
## 折翼的你依然能翱翔万里

### *1*

我的微信好友不多，朋友圈甚至有一半都是做微商的好友在刷屏。别人的动态我基本不会关注，我却常常在搜索一个人的动态，一个叫任淼淼的女孩。

2014 年年初，和任淼淼相识于一个文学网站。那时任淼淼在读大三，经常发一些短篇文字，深情款款，都是她和男友之间的爱恋小故事，她戏称男友李少侠。字里行间都是日常琐事，却能强烈感受到李少侠对任淼淼满满的宠爱和疼惜。

任淼淼成长在单亲家庭，严重缺乏安全感，所以难免会有些任性和脆弱，可是每件小事都能感受到，李少侠足够宽容和耐心，那一定是因为很爱很爱吧。

一年后，任淼淼和男友大学毕业，两人一同去了上海。任淼淼在上海 G 大读研，男友李少侠顺利进入一家世界 500 强企业工作。

网站上，任淼淼的爱情故事一直在继续。我似乎能清晰地看到他们每一次争吵，每一次和好如初，每一次久别重逢。也真的很替任淼淼高兴，人海茫茫，有那么一个人爱她如生命。

可是，半年之后，不知为何，任淼淼的故事中断了，好久都没有她的消息。我猜，大概是她和李少侠分手了吧。虽然我极不情愿看到，可是显然那是真的。

## *2*

三个月后，任淼淼突然又继续写那个故事，似乎他们之间的故事永远也讲不完，不过，她每次在故事结尾都会给李少侠写好长的留言：

亲爱的，我今天吃的是红烧鱼，味道有点淡呢。你呢？

看到我的留言，回复我一下哟，再不回复我，我生气了。

亲爱的，昨晚睡得好吗？我有点感冒了，你都不来看我，我很生气。

你干吗不给我回复？今天是圣诞节，大家都去玩了，我都乖乖地坐在老地方等你，你再不来，我会罚你喽。

亲爱的，我给你买了纪梵希的衬衫，只有这一件天蓝色呢，被我买到了。你快来哟，穿给我看。

我都等你好多天了，你还不来，我会恨你的。

亲爱的，今天考试成绩很烂，你会不会骂我很笨？这学期奖学金大概是泡汤了，可是我都跟妈妈夸下了海口，该怎么办？

你都不给我打电话，不来看我，我真的生气了，很生气很生气了。

任淼淼每天都认真留言，遗憾的是，李少侠从未回复。

大概只有任淼淼这样痴情的女孩才会对前男友念念不忘，可是并没有回响。

后来，让读者感动的不仅仅是任淼淼写的爱情故事，更多的是她的这份痴心。她的故事和留言被很多读者分享到微博和微信。

她的痴情让人心疼，李少侠的忘恩负义让人痛恨。

如果我是个男生，我想我会爱上任淼淼。

<u>3</u>

2015 年，任淼淼的故事仍在继续，留言仍在继续。

4 月末的一天，任淼淼突然给我发来消息，说她想去厦门鼓浪屿转转，知道我有出行计划，问我是否可以顺路同行。

我很高兴能有机会安慰这颗柔弱无助的心灵。

我们在机场会合，夏初清晨的北京，还微微泛着凉意。她站在星巴克的门口，脖子上挂着一条紫色和白色相间的格子围巾，长长的黑发微微卷曲，澄澈的眼睛却似乎隐藏着许多故事。她寂然立在那里，似乎不想打扰任何生灵，却惊艳了整个时光。

我不由得叹息，这样漂亮痴情的女孩，爱还来不及，那个李少侠居然舍得分手，真是暴殄天物。

任淼淼见到我灿然一笑，跑过来紧紧拥抱了我。相识已久，我们还是第一次见面。一路交谈愉快，只是，任淼淼三句不离一个名字：李少侠。

她快乐地跟我说，本来李少侠答应她，今年去鼓浪屿玩，可是大概太忙了，没时间去了，只好她一个人去了，所以，她想来想去，跟我比较投缘，就想和我一起同行了。

呜呼，她还没有忘记李少侠！

她大概一直生活在幻想中吧，这样下去，会出状况的，迟早会把自己逼疯的。

我想，或许我可以开导她，既然已分手，就别沉迷过去了吧，这么漂亮的姑娘，追求的人都排着长队等啊，何必看不到未来？

## 4

　　整个旅程，任淼淼都意兴阑珊，只是到了鼓浪屿之后，才显得尤其兴奋。她拍了很多照片，热切地跟我讨论，哪些比较好看，她想发给李少侠。她精挑细选了好多特色小礼物，买下来准备送给李少侠。我们在厦门的第三个晚上，任淼淼一夜没睡，她没做别的，只是整理那些照片和买来的小礼物，把它们认真地装好，第二天一大早就叫了快递员，寄了出去。她还兴奋地说，李少侠看到这些礼物会吓一跳的，他根本不知道她偷偷来了。

　　我甚至有些糊涂了，到底任淼淼和李少侠是不是真的分手了？

　　这姑娘被折磨成这样子，李少侠真是罪可当诛。

　　可是，三天后，我就后悔自己口不择言，怎么可以说出这几个字。

　　那个午后，任淼淼去超市买东西，我一个人在酒店。听到敲门声，我去开门，是快递小哥手里拿着单据，见到我便说："你们几天前寄的那个包裹查无此人啊！"

　　"你说什么？"

　　"查无此人，据说已经于一年前去世了，飞机失事。"

　　我不知道我呆立在那里多久，也不知道快递小哥后来说了什么，又是什么时候离开。

　　只是，我的泪水漫无边际地流下来。

## 5

据说李少侠本来可以免遭不测，只是因为他转机去了泰国，要给任淼淼买一只特别的手镯，未料，不幸遇难。

李少侠给了任淼淼太多的爱，所以无助又脆弱的任淼淼一直不肯接受现实，一直不肯接受人生的缺失。

李少侠走了，可是他留给任淼淼的是毕生的痛彻心扉。

那一晚，任淼淼给李少侠的留言是：你真的不是个好男朋友，我恨你。那一晚，她哭得悲痛欲绝。

2015年仲夏，任淼淼研究生毕业，顺利成为一名旅游频道的记者。这也是李少侠的愿望。

从她开始做旅游节目起，她的人生就悄然有了一些变化。

因为工作忙，任淼淼的更新变缓慢了许多，不过每一次更新，都会带来一些新意。

她会带来一些图片，那是她刚刚去过的地方，她会在图片下边讲述她在那里的所见所闻，有一些欣喜，也有了一些欢乐。她大概觉得代他去走天涯，也是一种幸福。

不过她会留言说，亲爱的，我下期节目要去哪里哪里录制，要去两个星期，两星期后再给你带礼物哟，好忙好忙啊！

忙起来真的是很好的一件事，我从字里行间仿佛闻到了晨曦林间的清新气息，还有朝阳正在冉冉升起。或许她已经懂得，勇敢无畏地活下去，是对李少侠最好的纪念和报答。

我出差前最后看到她的留言是：亲爱的，恭喜我吧，我已经成了我们电视台的十佳记者之一。

那天在她的留言下边看到有人回复：任淼淼，我最近听到一首很好听的歌，送给你听好吗？

他的署名是，李之初。

他还说：如果你愿意，叫我李少侠，我和你相距 2000 米，很近。

昨日缱绻，永恒在心间。纵然折翼，纵然前路荆棘，她一路向前，此生再无畏惧。